脉动热管运行及传热性能优化

史维秀 著

中国建设科技出版社

北 京

图书在版编目（CIP）数据

脉动热管运行及传热性能优化/史维秀著．--北京：中国建设科技出版社，2024.8． -- ISBN 978-7-5160-4292-2

Ⅰ．TU833

中国国家版本馆 CIP 数据核字第 2024ZS2318 号

脉动热管运行及传热性能优化
MAIDONG REGUAN YUNXING JI CHUANRE XINGNENG YOUHUA
史维秀　著

出版发行：中国建设科技出版社
地　　址：北京市西城区白纸坊东街 2 号院 6 号楼
邮　　编：100054
经　　销：全国各地新华书店
印　　刷：北京雁林吉兆印刷有限公司
开　　本：787mm×1092mm　1/16
印　　张：10.75
字　　数：280 千字
版　　次：2024 年 8 月第 1 版
印　　次：2024 年 8 月第 1 次
定　　价：**69.80 元**

前　　言

脉动热管作为一种高效的传热设备，因其具有独特的结构设计和卓越的传热性能而受到广泛关注，在能源利用和热管理领域具有较好的应用价值，有助于提升系统的能源利用效率及散热效果。脉动热管的结构通常由蒸发端、绝热端和冷凝端组成，工作液体在蒸发端吸收热量后蒸发成气体，在冷凝端释放热量并冷凝回流至蒸发端，在蒸发端和冷凝端的压差作用下形成一个连续的循环过程。脉动热管利用工质在蒸发端吸热蒸发、在冷凝端放热冷凝的相变原理，实现高效的热量传递。脉动热管受到气液相间流动、表面张力、重力等复杂因素的影响，工质的流动呈现出高度的无规律性、随机性和结构的不稳定性，传统的分析方法难以揭示脉动热管内动态的热量传递性能和流动机制，采用非线性动力学分析方法，可以实现动力系统的混沌特性描述，有助于揭示脉动热管内动态的热量传递性能和流动机制。

本书共有 8 章，针对脉动热管的可视化运行和传热性能，基于混合盐溶液、相变微胶囊流体、HFE-7100 等不同的工质，研究在脉动热管结构、加热冷凝条件等不同影响因素下脉动热管的运行过程和传热性能，通过对脉动热管壁面温度时间序列信号的构建，基于嵌入维数、关联维数、功率谱、Lyapunov（李雅普诺夫）指数、混沌吸引子等，分析特征参数和脉动热管运行过程之间的联系。

本书的基础研究工作得到了北京市教育委员会科学研究计划资助项目（KM202310016008）、国家自然科学基金项目（No. 52000008）、北京建筑大学研究生创新项目资助，在此表示深深谢意。感谢潘利生老师，陈红迪、郭浩然、苏晓杨、周子宏、李奇捷、常海雨、慕浩凡等同学为研究所做的贡献。

由于水平有限，书中所述难免存在不妥之处，恳请读者和同行多多批评指正。

著　者
2024 年 5 月

目　　录

1 绪　论

在大力发展科学技术的时代背景下，电子信息技术备受重视且取得了巨大成就，推动了各行业的发展和进步。近年来，因为人类在便携、高性能和低成本等多方面的需求，电子产品的体积在不断减小，运算速度和能力不断提升。相应的设备散热模块体积也在减小，高速运行时产生的热量则一直在增加，如果不能快速有效地散热，设备将不能正常运行甚至损坏。相关研究人员认为，电子芯片在将来甚至会达到与太阳表面相当的热流密度，因此散热问题伴随着电子设备的发展，是发展电子信息技术必须解决的问题。

电子设备的传统散热方式为强迫空气对流换热，也就是利用风扇将空气输送到散热器的表面，由空气与发热部件的对流换热将设备运行产生的热量带走。这种方式的散热效率很低，且风扇体积大，转动时还会产生噪声，使用空气对流换热的传统散热方式难以满足行业发展的需求，液冷散热器应运而生，并逐渐进入了大众的视野。水具有很大的比热容，为 $4.2kJ/(kg \cdot K)$，容易获得且价格低廉，作为液冷散热器最常用的一种散热介质，具有安静、热波动小的优点。有学者提出水冷将会成为散热方式的主流的观点，但是在电子设备高热流密度的发展趋势下，单纯依靠水显热换热的液冷散热器冷却能力也稍显不足。为满足集成电路、高性能计算机等电子设备向高集成化和微型化发展的需求，急需寻找低成本、微小型的冷却方法。

研究人员发现，与传统的单相传热相比，利用相变潜热的散热方式具有所需工质少、传热效率高等优势，拥有良好的发展前景。热管是一种新型的两相无源换热器件，通过工质在真空管内的相变进行换热，整个循环过程都自发进行，无须外部动力介入，摆脱了依靠风扇和电机的传统散热方式，改变了人们对散热设备的设计观念和思路。由于热管内空间有限，参与相变的工质量有限，使用纯液态工质在管内进行气-液相变换热时体积变化大。在液态工质中加入相变微胶囊材料，利用相变材料的固-液相变来进一步提高工质的换热量，减小散热器体积，是实现高热流密度散热的有效途径之一。

1.1　脉动热管介绍 ▶▶▶▶

传统热管在 20 世纪 60 年代开始发展，如图 1-1 所示，传统热管在真空管管壁上附有毛细多孔材料制作的吸液芯，管内填充了在负压下易蒸发的低沸点工质，然后利用工质在冷热端的凝结和蒸发相变传递大量热量。在热端，吸液芯内的工质吸收热量蒸发，蒸发后的气态工质在压力作用下从热管的内部通道流动到冷端；在冷端，工质冷凝放出热量，液态工质被吸液芯吸收后在"毛细力"的作用下回流到热端，实现工质的快速循环。

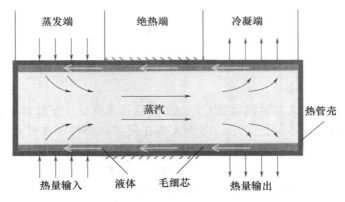

图 1-1　传统热管工作原理

脉动热管（Pulsating Heat Pipe，PHP）是在传统热管的基础上，由 Akachi[①] 在 20 世纪 90 年代提出了一种新型热管，该热管由毛细管弯曲成蛇状而成，具有传热效率高、结构简单、可弯成任意形状、不需要外部动力等诸多优点。脉动热管是一种实现电子元件的高热流密度散热的有效方式，已经作为一种高效传热元件广泛应用在电子设备散热、太阳能集热器、LED冷却、余热回收等方面。

与传统热管不同，脉动热管的基本工作原理是：将工作介质注入抽完真空的毛细管内，在重力和"毛细力"的作用下，工质在管内形成若干个相互间隔的气泡柱和液体柱，并呈现随机分布的状态。在蒸发端的汽-液交界面上，工质吸收热量蒸发，气泡柱体积增大，受压力作用上升并推动液体柱流动。当气泡柱移动到冷凝端，气态工质会在低温下冷凝放热，气泡柱的体积收缩甚至产生破裂，同时有些工质还会冷凝成液体融入液体柱，受重力和压力的影响再次回流到蒸发端。在蒸发端由于热量的输入又会产生新的气泡，如此往复循环。这种由气泡的收缩和膨胀引起脉动热管冷热端之间和几根管路之间的压力差驱动了两相流体的流动，使工质在管内快速循环，传递大量热量，其当量是传热良好金属的百余倍。不同的运行工况条件下，脉动热管内工质会产生如 1-2 图显示的泡状流、塞状流和环状流等多种流型。

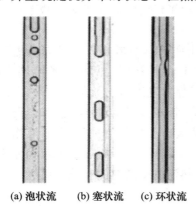

(a) 泡状流　　(b) 塞状流　　(c) 环状流

图 1-2　脉动热管内工质流态

---

① 本书中引用并参考了一些中、外文献内容，其中一些人名为英文形式，不便翻译，以下同。

如图 1-3 所示，按照结构不同可以将脉动热管分为三类：开式脉动热管、闭式回路型脉动热管和带单向阀门的脉动热管。实验研究发现带单向阀门的脉动热管的传热性能优于闭式回路型脉动热管，闭式回路型脉动热管又优于开放式脉动热管。但从实际应用的角度出发，采用闭式回路型脉动热管最经济有效，因此本书是选择闭式回路型脉动热管进行实验研究而形成的总结。

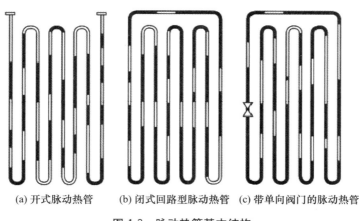

(a) 开式脉动热管　　(b) 闭式回路型脉动热管　　(c) 带单向阀门的脉动热管

图 1-3　脉动热管基本结构

1.2　国内外研究现状 ▷▷▷

脉动热管内存在错综复杂的气液两相流动和传热现象，如气泡的产生、聚集和破裂过程，管内工质压力及温度的变化，工质流态的变化和转换，工质的烧干现象等，目前还不能明确解释脉动热管的运行机理。不少学者对脉动热管的各种性能进行了实验研究，发现脉动热管运行和传热性能的影响因素有很多，如脉动热管结构，包括管径、弯管数、蒸发端和冷凝端相对位置和长度；运行参数，包括倾角、充液率、加热功率；工质的热物性，包括黏度、相点等。

▶▶ 1.2.1　脉动热管结构

1. 管径和管道形状

管径尺寸和管道形状影响着热流密度和工质的"毛细力"大小。热流密度随管径增大而增大；相同水力直径下，非圆形通道具有的棱角增大了工质对壁面的吸附力。壁面吸附力和重力相对大小适宜时，脉动热管运行效果更好。Jian 等研究了不同管径（1.2mm、2mm、2.4mm）下脉动热管的传热性能，发现不同工质的最佳管径不同，如图 1-4 所示，充液率为 50% 时，以水为工质的脉动热管热阻在管径为 2.4mm 时最小，以乙醇为工质的脉动热管热阻在管径为 1.2mm 时最小。

Zhang 等认为非圆形通道截面或不规则形状通道的脉动热管内部压力分布不均匀，

更容易形成周期性振荡，有利于脉动热管的高效运行。Xie 等对两端使用直角弯头或圆弯头的单环路脉动热管进行数值模拟，发现在蒸发器使用直角弯头时，脉动热管更容易启动。商福民等认为使用不等径的热管结构的脉动热管容易启动，变径结构应用在加热位置处时强化效果最好。

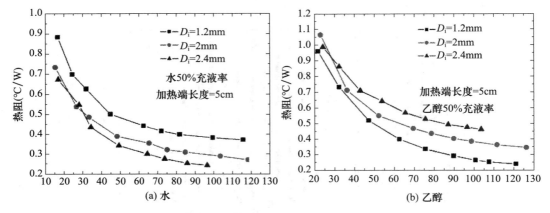

图 1-4　热阻随加热功率变化

2. 弯头数

弯头数决定着工质的充注量，影响脉动热管的稳定效果。Alberto 等对 7 匝、16 匝、23 匝的脉动热管进行数值模拟，结果显示 7 匝的脉动热管最先发生干烧，匝数越高脉动热管稳定性越好。Mangini 等则认为增加弯头数目，脉动热管可以在小重力工况下形成塞状流，满足运行需求。Halimi 等的研究显示，增加弯头数目不仅可以改善热管的传热性能，还能减弱其他因素的影响，提高脉动热管的稳定性。Akachi 等也发现脉动热管弯道个数大于 80 个后，倾斜角度等因素对传热的影响很小。Charoensawan 等在实验中也发现，当弯道数小于临界值时，脉动热管在水平位置不能很好地运行。弯道数大于临界值时，则可以获得较宽的最佳倾角范围。Hyung 等还发现最佳回路数与管径相关，最佳回路数随着管径减小而增加。

3. 蒸发端和冷凝端长度

蒸发端和冷凝端长度决定了工质参与蒸发和冷凝量的大小，选择适合蒸发端和冷凝端比例可以提高脉动热管性能。Li 等建立了脉动热管传热模型，发现增加绝热端的长度，脉动热管的热阻增大，抗干烧能力减弱，启动时间缩短。Charoensawan 等将蒸发端长度设置为 5cm 和 15cm，发现脉动热管在所有工况下的热性能都随着蒸发器长度和两端有效流动长度的减小而提高。汪健生等将蒸发端与冷凝端长度比对脉动热管影响用 VOF（Volume of Fluid）模型进行了数值模拟，减小冷凝端长度使热管在低充液率时易干烧，高功率时可降低热阻。汪双凤等对 5 种不同蒸发端、冷凝端长度比例的脉动热管进行实验研究，发现不同的充液率对应的最佳两端长度也有区别，低充液率下，两端长度相等时性能最好；高充液率下，蒸发端长度大时最好，冷凝端长度大时次之，两端长度相等时最差。Rittidech 等以 R123、乙醇和水为工质，对蒸发端、绝热端、冷凝端长度相同的脉动热管进行实验，长度设置为 5cm、10cm 和 15cm，发现对于所有工质的最大热流密度都与蒸发端长度负相关。

▶▶ 1.2.2 运行参数

1. 倾角

工质在表面张力、重力的影响下脉动运行，小倾斜角度下，工质垂直方向上的重力分力小，无法回流到蒸发端正常运行，因此脉动热管传热性能受重力影响很大。大多数研究者认为脉动热管在 90°倾角下各项性能最好。Paudel 等发现脉动热管的倾角越大，脉动热管越容易启动。史维秀等的研究表明，90°倾角下时的脉动热管传热性能最佳。随着倾角的减小，脉动热管的传热热阻变大，传热极限减小。Xu 等以液氨为工质，发现随着脉动热管倾角的增大，有效热导率和临界热通量也增大了。Xue 等得出了同样的结论。

为解决实际应用时脉动热管需要小倾角或水平放置的问题，汪健生等提出了一种蒸发端和冷凝端水平放置的新型脉动热管结构，在不同加热方式下，这种结构的脉动热管启动性能和传热性能均得到了提升。Zhang 等设置了一种中间带连接通路的脉动热管，如图 1-5 所示，这种结构使管内工质所受的重力、压差和边界层发生了改变。通过模拟显示，与 30°和 60°倾角比较，这种新型脉动热管在 45°倾角时具有最佳传热性能。如图 1-6 所示，Daniele Torresin 等将脉动热管的加热端布置在中间，冷凝端布置在两端，通过对水平、竖直和反向竖直方向上的脉动热管进行实验研究，发现这种脉动热管在不同方向上的热性能相同。

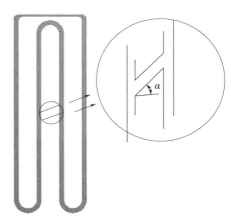

图 1-5 有连接通路的脉动热管

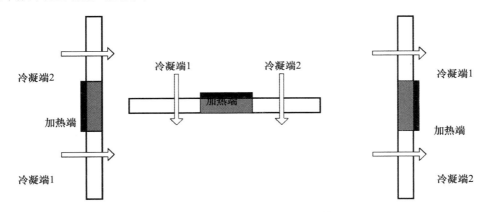

图 1-6 有两个冷凝端的脉动热管

2. 充液率

充液率是指工质占脉动热管体积的百分比。如果充液率过低，工质在高热流密度下全部蒸发，脉动热管就会烧干。如果充液率过高，工质汽化空间小，启动困难。Sarangi

等发现最大加热功率即传热极限与充液率有关，不同工质的最佳充液率不同。Markal 等认为在垂直方向上，除 10％的最低充液率外，脉动热管热阻随充液率的增大而变大，并在充液率为 40％时整体传热性能最好。Zhuang 等研究了充液率对单回路脉动热管的影响，发现 50％的充液率下脉动热管最易启动，并且冷凝端的温度稳定性与充液率大小有关。梁玉辉等以超纯水作为倾角为 90°的并联式脉动热管工质，发现传热热阻在充液率为 50％时最小，为 0.04~0.09K/W，充液率为 70％最大。Shafii 等人对水和乙醇中在内径为 1.8mm 的脉动热管的传热性能进行实验研究，结果显示水和乙醇的最佳充液率分别为 40％和 50％，当充液率低于 30％或高于 70％时，传热性能下降。王迅等以体积分数为 30％的甲醇水溶液、甲醇和水为工质，对脉动热管的启动特性进行了实验研究。发现脉动热管的启动时间随着倾斜角度的增加而减少，在相同倾斜角条件下，80％充液率比 20％充液率的启动时间长。

3. 加热功率

加热功率决定输入热量的多少，增大加热功率，参与相变的工质量变多，循环动力增大；但是加热功率过大时可能会超出脉动热管的传热极限。Jang 等认为脉动热管的传热热阻随着加热功率的增加而减小。Hu 等发现底部和顶部加热的脉动热管热阻都会随着加热功率的增大而降低。并且在底部加热时，脉动热管在较大的加热功率下启动迅速。陈曦等通过实验研究表明脉动热管存在最佳加热功率，因为倾角不变时，脉动热管的传热热阻随加热功率的增大呈现出先减小后增大的趋势。这说明脉动热管具有最佳加热功率，超过最佳加热功率后，蒸发端的工质会烧干。

▶▶ 1.2.3 工质性能

由于工质的表面张力、相点、黏度和潜热等热物理性能差别较大，所以不同工质时脉动热管传热性能有很大差异。

对于纯工质和二元混合工质的研究，Wang 等以 R134a、R404A 和 R600a 作为工质，认为以 R134a 为工质的脉动热管热阻小，使用 R404A 为工质的脉动热管的工作温度更低。Han 等发现使用低沸点和低蒸发潜热的工质运行更容易烧干。低加热功率下，黏度是影响脉动热管启动性能和传热效果的主要因素。在高加热功率下，传热量取决于工质的比热容和潜热大小。Satyanand 等发现与水相比，乙醇-水二元混合溶液作为工质提高了脉动热管的热输入极限，扩大了脉动热管的适用范围。Xu 等研究了不同比例的 HFE-7100 和去离子水混合工质对脉动热管传热性能的影响，两种工质的体积比例分别为 4:1、2:1、1:1、1:2 和 1:4。结果表明，使用低沸点、高饱和蒸汽压的混合工质抑制了脉动热管在高功率下的干烧现象，并使脉动热管在高功率下具有启动时间短、热阻小、运行稳定的良好性能。如图 1-7 所示，Gandomkar 等测量了不同浓度 C-Tab 表面活性剂的接触角，并分析了 C-Tab 浓度对脉动热管传热性能的影响，发现随着浓度的增大，热阻和最大热流密度均降低。

对于纳米流体工质的研究，Goshayeshi 等发现在脉动热管中加入 Fe_2O_3 纳米颗粒可以提高热管的热性能，外加磁场还可以进一步强化效果。其中粒径为 20nm 的 $\gamma\text{-}Fe_2O_3$ 纳米流体传热效果最好。Choi 等在乙二醇和油中分别加入 1％体积分数的纳米

CuO 和碳纳米管后，脉动热管的导热率分别提升了 40％和 150％。Mohammad 等将不同浓度的氧化石墨烯纳米流体作为工质研究脉动热管的热性能。结果表明，使用氧化石墨烯将脉动热管热阻降低了 58％。但由于纳米流体的动态黏度增加，高浓度的纳米流体会使热管的热性能恶化。Zhou 等发现和去离子水相比，在较低充液率（20％、50％）下加入低浓度的氧化石墨烯纳米降低了脉动热管的启动时间和启动温度，但是在高充液率（80％）下加入氧化石墨烯脉动热管的性能发生了恶化。Xu 等还研究了表面活性剂对石墨烯纳米流体的影响，与其他表面活性剂（SDS、CTAC、Pluronic © F-127、PVP）相比，Triton X-100 水溶液可以进一步提高纳米流体的热性能，平均增强率为 13.56％。

(a) 0g/L接触角99.32°

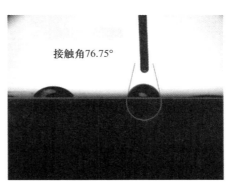

(b) 0.1 g/L接触角76.75°

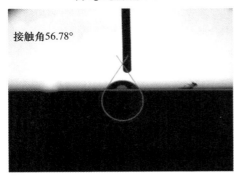

(c) 0.25g/L接触角56.78°

(d) 0.5g/L接触角54.70°

(e) 1g/L接触角52.24°

图 1-7　C-Tab 表面活性剂接触角

林梓荣通过对不同质量分数微胶囊流体、水和纳米流体的传热性能进行对比。结果发现，以质量分数 1% 的微胶囊流体作为工质的脉动热管在垂直底部加热时传热能力最优，在水平一侧加热时传热能力较差。汪双凤等认为微胶囊流体比乙醇和水的工作范围大，微胶囊脉动热管的热性能在高功率时效果最好。Li 等认为在脉动热管中加入微胶囊流体后启动时间延长、热阻略有加大，但相变温度适合的微胶囊流体，却可以显著提高脉动热管的抗干烧能力。

2 脉动热管可视化运行性能

脉动热管可视化实验主要是将脉动热管内部的流动情况可视化，更加清楚地实现对管内工质流型以及流态的观察。在此基础上进一步探究脉动热管的运行机理，并且也可以为数值模拟工作的准确性提供对照。近些年来，众多学者进行了可视化实验研究，而在脉动热管可视化实验研究中所采用的加热方式主要分为水浴加热和加热丝加热。本书分别以这两种加热方式为基础，搭建了可视化实验台。

2.1 水浴加热可视化实验系统 >>>

图 2-1 为脉动热管水浴加热的实验主体图，对单回路闭环脉动热管进行可视化研究，水浴加热下的脉动热管可视化实验系统，主要由单回路闭环脉动热管、抽真空及充液装置、加热系统、冷却系统组成。将脉动热管加热端固定在加热水箱中，采用硅胶密封条进行密封；冷凝端固定在冷却水箱中，加热和冷却水箱均由两块带有槽道的亚克力板连接而成。之后将加热装置和冷却装置分别与加热水箱以及冷却水箱连接，构成整个实验系统。

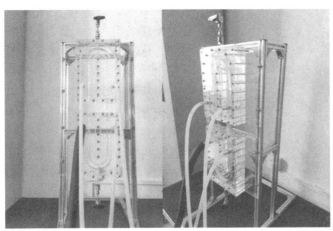

图 2-1 脉动热管可视化实验的主体图（水浴加热）

▶▶ 2.1.1 脉动热管装置

如图 2-2 所示，可视化实验中所用的单回路脉动热管，外径 6mm，内径 3mm，材质是透明耐热石英玻璃，其中弯头处的半径为 37mm，直管段总长度为 400mm。水浴加热方式下蒸发端长度为 190mm，冷凝端长度为 190mm，绝热端长度为 100mm，保持不变。电加热丝加热下冷凝端的长度保持为 190mm，蒸发端和绝热端的长度随加热丝缠绕的长度发生改变。将蒸馏水作为工作流体，在 101325Pa 下的物理性能参数见表 2-1。以蒸馏水为工质的脉动热管管径 1.83mm≤D≤5.22mm，实验中采用的脉动热管的管径介于两者之间，符合要求，可以形成稳定的气液塞。

表 2-1   工质在 101325Pa 饱和温度下的物理性能

工质	饱和温度 T_{sat}（℃）	液体密度 ρ_l（kg/m³）	气体密度 ρ_v（kg/m³）	比热 C_p [kJ/(kg·K)]	汽化潜热 H_{fg}（kJ/kg）	表面张力 σ（N/m）
蒸馏水	100	958	0.6	4.18	2256.7	0.0589

图 2-2   单回路脉动热管主体

图 2-3   脉动热管充液装置

▶▶ 2.1.2 抽真空及充液装置

图 2-3 是脉动热管充液装置，由两个截止阀、一个球阀、真空表、充液刻度量筒以及透明软管组成。通过截止阀可以关闭和打开与真空表连接的管路，也可以控制与真空泵连接的管路。球阀直接与充液刻度量筒相连，精准控制流出工质的多少。如图 2-4 所示，是可视化实验中所使用的真空泵，使用该装置对整个实验系统抽真空。如图 2-5 所示，是真空表，用来检测整个试验系统中的真空度，使真空表的示数尽可能接近真空，并且通过真空表可以观察整个系统中的密封情况，保证实验准确合理地进行。

图 2-4　安捷伦 DS202 双级旋片式真空泵　　　　　图 2-5　真空表

　　脉动热管可视化实验系统中水浴加热装置由高精度低温恒温水槽和亚克力加热水箱组成，为脉动热管的加热端提供恒温热源。如图 2-6 所示，恒温水槽型号 GDH-2015，编号 14-135，可调的温度范围 -20～100℃，温度波动度最大为 0.02℃，额定功率为 2.0kW。恒温水槽通过外循环功能向加热水箱供给热水，恒温水槽的出水口与透明亚克力加热水箱的左侧进水口相连，进水口与透明亚克力加热水箱的右侧出水口连接，并在恒温水槽的出水口与加热水箱的进水口之间的管路上包裹黑色保温棉，阻止热量在管路中的散失，尽可能地保证进入加热水箱的热水温度与恒温水槽的示数一致。图 2-7 为透明亚克力水箱，由上下两部分组成，规格为 184cm×256cm×50cm，通过螺丝将上下两部分连接起来，采用硅胶密封条对热管和亚克力板的上下板之间进行密封。内部半圆形槽道深度为 15cm，通过流道限制热水的流动方向，使水箱内的热水沿着槽道流动，充分换热。

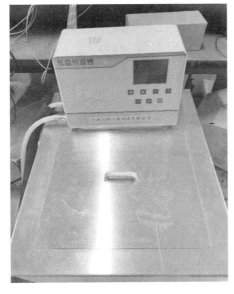
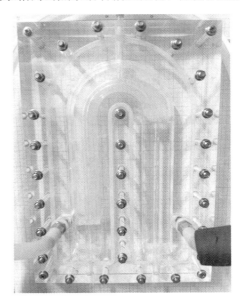

图 2-6　高精度低温恒温槽（加热水槽）　　　　图 2-7　由亚克力板构成的水箱

▶ 2.1.4　水浴冷却装置

实验系统中冷却装置由高精度低温恒温水槽和亚克力水箱组成，为脉动热管的冷凝端提供恒温冷源。如图 2-8 所示，恒温水槽的型号 GDH-4020，编号为 BL1411032，可调的温度范围−40～100℃，温度波动度最大为±0.02℃，额定功率为 3.2kW。恒温水槽通过外循环功能向水箱供水，恒温水槽的出水口与透明亚克力冷却水箱的右侧进口相连，进水口与透明亚克力冷却水箱的左侧出口连接。冷却装置中采用的亚克力水箱与蒸发端的相同，此处不再详细介绍。

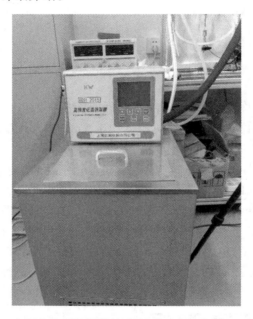

图 2-8　高精度低温恒温槽（冷却水槽）

▶ 2.1.5　水浴加热实验过程

对于脉动热管实验系统最重要的一步就是抽真空，并测试整个实验装置的气密性和密封性。使用真空泵进行抽真空，并检查充液装置、热管装置及整个管路是否存在漏气现象。具体操作步骤如下，首先将脉动热管装置最低端的截止阀关闭，打开上端的截止阀和充液装置上的所有截止阀，开启真空泵的控制开关，观察充液装置上真空表的示数，眼睛平视后读数，当真空表的示数不发生变化且接近真空时，关闭真空泵的控制开关，等待 10 小时，在此期间可以不断观察真空表示数，如果示数不发生变化，则表明整个实验系统达到密封要求，可以进行下一步操作。能否保证整个实验系统的气密性，是成功开始实验的关键。

充液过程中，同时关闭与真空泵以及真空表连接的两个截止阀，打开与充液量筒连接的球阀，先将充液装置和上端截止阀之间的管路充满工质，并记录此时充液装置上量筒的刻度，之后打开截止阀，将整个热管充满工质，记录此时量筒的读数，两次的差值为整个热管系统的总容积，重复多次，取平均值作为脉动热管的容积。重复上述抽真空过程，将所用充液率进行理论计算，以确定此充液率下应充入的工质容积，再按照真正充入的工质重新计算充液率。真实的充液率计算中，需要找一个细丝，量一下真正充入脉动热管内的工质长度，并换算成体积后，与整个脉动热管的总体积进行作比，将此时计算出来的充液率作为实际的充液率，并进行记录。充入工质后，记录初始充液后热管内部的气液塞分布。

两个恒温水槽的进水口和出水口与亚克力水箱的进出水口通过白色硅胶软管进行连接，启动恒温水槽，设置冷却水温度为 10℃，加热水温度的起始温度设置为 60℃，依次上升 5℃，直至温度为 95℃，则实验中加热端的温度分别为 60℃、65℃、70℃、75℃、80℃、85℃、90℃、95℃，记录在不同加热端温度下单回路脉动热管的启动和运行情况，以及在启动和运行过程中的流型分布情况。并对实验结果进行分析。

2.2 水浴加热实验结果分析 ▶▶▶

▶ 2.2.1 加热工况的影响

试验工况如下：充液率为 50%，工质为蒸馏水，冷却水温度为 10℃，加热水温度由 55℃逐步升高到 95℃，增温间隔 10℃。

在实验过程中，随着加热水温度的升高，管内的气塞和液塞左右振荡，当水温较低时，蒸发端的液塞缓慢气化，主要表现为气液交界面处的气塞变大，小液塞上移，大长液塞沿着管壁气化产生的气塞迅速向上移动，蒸发端始终存在液塞，相变也一直存在，但仍不足以让其启动起来。当水温较高时，蒸发端的液塞会迅速上移至冷凝端，并没有全部气化，而是由产生的气塞推动，分别从左右两侧上升，在此过程中管内工质左右振荡，冷凝端右侧不断有少量液体被冷凝到蒸发端，然后迅速从蒸发端的右侧蒸发上去。蒸发端则会产生一段很长的气塞，管内工质的振荡幅度趋于平缓，蒸发端管壁上的液膜也慢慢被蒸发，冷凝端不再有液相工质被冷凝。这是由于大气塞的产生，蒸发端的压力增加，使得冷凝端液体回流阻力增加，液体很难被冷凝。蒸发端内已经看不到液相工质，整个蒸发端的下端全部由气塞占据。如图 2-9 所示，蒸发端不会再有液相工质相变为气相工质，形成局部干烧。最终管内工质的分布，蒸发端由初始的气液间隔分布变为长气塞。如图 2-10 所示，冷凝端还是气液间隔分布的状态，保持静止。

此工况下脉动热管没有成功启动，根据实验过程中产生的实验现象，分析启动失败的原因是水浴加热条件下，提供的动力不足，管内工质相变较少，压力波动也比较小，不足以克服启动的阻力。蒸发端与冷凝端之间形成的压差较小，管内工质不易出现循环转动，从而导致启动失败。脉动热管的上下两端都有一段直管段结构，水浴加热下能够提供的热量有限，产生的压差也较小，直管段结构会起到一个泄压的作用，也对脉动热管的启动造成了不利的影响。

图 2-9　充液率为 50%时
蒸发端全部为气塞

图 2-10　充液率为 50%时
冷凝端气液塞分布状态

▶▶ 2.2.2　充液率的影响

试验工况如下：充液率分别为 30%、50%、70%，工质为蒸馏水，冷却水温度为 10℃，加热水温度由 55℃逐步升高到 95℃，增温间隔是 10℃。

充液率为 30%时，加热水温度从 55℃升高至 85℃，在 65℃时蒸发端的液塞内部会产生小气泡，随着加热温度的升高，管内工质开始左右振荡，液塞逐渐向上移动，蒸发

图 2-11　充液率 30%下流型分布情况

端逐渐形成很大的气塞，以环状流的形式存在。冷凝端的液相工质会以溪状流的形式流回蒸发端，充液率比较低，液相工质比较少，回流的液相工质只能以液膜的形式存在。温度升高至 75℃时，蒸发端的液相工质都已附着在管壁以液膜形式存在，此时管内工质还会出现轻微振荡。当温度升高至 85℃时，蒸发端的液相工质全部被蒸发，不存在液相工质，全部被长气塞占据。

伴随着加热温度的升高，蒸发端逐渐被气相工质占据，如图 2-11 所示，冷凝端逐渐呈现出气液间隔分布状态。管内工质的振荡次数和幅度也会逐渐减小，最终出现局部干烧，达到一种平衡状态，最终启动失败。

充液率为 50%时，随着加热温度的升高，管内工质也会不断振荡，与充液率 30%不同的是，当加热温度为 75℃时，脉动热管出现了短暂运行，

运行时间为 2 s，运行圈数为 1.5 圈，启动成功。随着冷凝端低温工质不断回流至蒸发端，而蒸发端的加热工况比较均匀，并且加热温度较低，回流的液相工质不能在短时间内气化，使得推动脉动热管继续运行的动力减小或减弱，从而不能支撑其持续运行。管内工质一直在左右振荡，但振荡一段时间后并未启动，加热温度继续升高，蒸发端全部变为气塞，出现局部干烧，最终不能持续稳定运行。

使用热风枪增加一个热扰动，打破所形成的平衡状态。一开始，在热扰动处的液塞迅速气化，产生气泡，管内工质继续左右振荡，热管又出现了短暂运行。由此可见，在水浴加热情况下，脉动热管管壁受热比较均匀，能提供的加热量比较小，脉动热管很难启动。

充液率为 70％时，随着加热端温度的不断升高，蒸发端的长液塞变为短液塞，长液塞断裂成几部分，随着短气塞的不断增长，管内工质不断左右振荡，并且振荡的频率和幅度逐渐增加，冷凝端会有少量液相工质以小液柱的形式回流，当加热端温度达到85℃时，管内工质逐渐趋于稳定，之后即使温度升高也不会发生变化，此时蒸发端还有较长的液塞。可见，在充液率较高时，即使温度达到 95℃，蒸发端的液相工质也不会全部蒸发干，造成这种现象的主要原因是，随着温度的增加，管内的压力也不断增加，而管内工质的饱和温度也不断升高，蒸发端热量输入不足，影响液态工质的相变。

2.3 电加热可视化实验系统 ▶▶▶

图 2-12 所示为脉动热管可视化实验装置图，脉动热管实验装置主要由单回路脉动热管、抽真空及充液装置、加热装置、冷却装置、脉动热管测温装置、摄像机组成。其中与水浴加热实验系统不同之处在于加热装置、摄像机以及增加了数据采集装置。

加热装置主要包括 220V 交流电源、调压器、数字功率计以及镍铬电阻丝。图 2-13 所示是华通单相接触式调压器，使用时需要手动调节调压器上的指针转盘，以获得不同的输出电压，最大输出电压为 250V，转盘上每个刻度间隔 5V；如图 2-14 所示，为日本横河 WT310 数字功率计，可以同时显示电压、电流以及功率，其中电压量程为 15～600V，电流量程为 0.005～20A，每 0.1～5s 更新一次数据；图 2-15 为缠绕在脉动热管上的镍铬加热丝，直径为 0.8mm，比电阻为 2.3Ω/m，间隔均匀地缠绕在蒸发端。

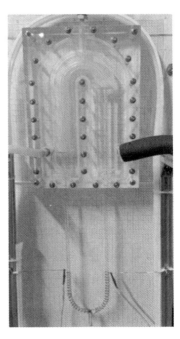

图 2-12 脉动热管可视化实验主体图
（电加热丝加热）

图 2-13　华通单相接触式调压器　　图 2-14　日本横河 WT310 数字功率计

脉动热管温度监测装置，主要由 T 形高精度铜-康铜热电偶和数据采集装置组成。在蒸发端的最下端布置一个热电偶，用来监测脉动热管蒸发端的壁面温度，并将热电偶另一端连接到数据采集仪上，之后在计算机上输出测温数据。T 形高精度铜-康铜热电偶的测温精度和范围分别是 0.1℃、±200℃，将热电偶固定在脉动热管的最下端，监测蒸发端的管壁温度变化；图 2-16 是实验用安捷伦 34980A 数据采集仪，每隔 2s 采集一次温度，实时采集可视化实验中测点温度，通过计算机进行记录。

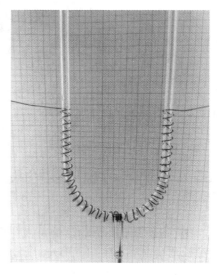

图 2-15　缠绕在脉动热管上的镍铬加热丝

电加热实验步骤中抽真空过程、充液过程与水浴加热实验过程相同，在前面准备工作结束后，分别对充液率、加热功率、加热丝长度进行调节。具体操作步骤如下：先固定其中一个变量，在操作过程中首先固定加热丝长度 70mm，每间隔 7mm 整齐均匀地缠绕在单回路脉动热管的下方弯管处，之后通过控制充液的多少改变充液率，为确保充液率的准确性，每次充液结束后，需要通过细丝来测量液柱的长度，计算与整个热管长度的比值，保证理论充液率与实际充液率相符。在充液率的选择上，分别选取低中高九种充液率，分别为 10%、20%、30%、40%、50%、60%、

图 2-16　安捷伦 34980A 数据采集仪

70%、80%、90%。首先依次选中一种充液率进行充灌，之后关闭脉动热管上端的截止阀，打开摄像机开始录制，通过调节调压器控制输出电压来改变加热功率、加热工况，充液率为 50%、60%、70%、80%、90% 时，加热工况分别为 10W、30W、50W、70W、90W、110W、130W；充液率为 10%、20%、30%、40% 时，加热工况分别为 10W、20W、30W、40W、50W。实验过程中，冷却水温度为 10℃，通过恒温水槽进行控制，倾斜角度保持不变，固定在垂直方向，角度为 90°。

2.4 电加热实验结果分析 ▶▶▶

▶▶ 2.4.1 主要流型分析

　　脉动热管运行过程中，流动状态异常复杂，随着热量和冷量的输入，蒸发端和冷凝端的气液塞的流型会发生变化，流型的变化与脉动热管内的压力、工质的流速以及工作流体的性质有很大关系，也会对蒸发端温度波动和运行方向产生影响。图 2-17 为脉动热管内的流型变化情况，加热端和冷却端的流型通常是不相同的，主要是因为蒸发吸热和冷凝放热的传热过程不同。从图 2-17 中可以看出，加热端的主要流型为塞状流、环形流和溪状流，而在冷却端，主要流型为长塞状流和短塞状流。

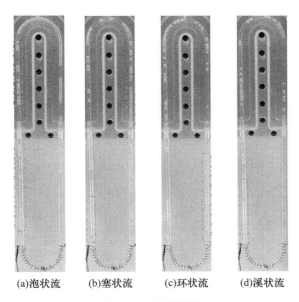

(a)泡状流　　　(b)塞状流　　　(c)环状流　　　(d)溪状流

图 2-17　主要流型

　　如图 2-17（a）所示，泡状流主要存在于蒸发端，在低加热功率下蒸发端的工质吸热逐渐沸腾，在管壁的气化核心处形成小气泡，由于加热功率较低，热量输入较为缓慢，才能很清晰地观察到泡状流。在此种情况下，管内工质已经开始缓慢移动，不能很稳定地运行，会出现停滞。当管内工质循环运行时，泡状流很难存在，逐渐会向塞状流等其他流型转变。如图 2-17（b）所示，塞状流一般存在于冷凝端和低加热功率下的蒸发端，长的气塞在冷凝端被冷凝或者在离开蒸发端的过程中遇冷，会逐渐收缩断裂，形成塞状流。低加热功率下，脉动热管运行还不太稳定，很容易出现转向运行的情况，在突然转向时，管内的压力分布以及流型分布也会发生新的变化，在此过程中会形成塞状流，还会出现泡状流的逆行，也就是说管内工质的整体运行方向是逆时针方向的，但是会有泡状流在液塞内顺时针方向流动，之后和液塞附近的气塞相互融合。如图 2-17（c）

所示，环状流是在高加热功率下非常常见的一种流型，蒸发端的工质剧烈沸腾，相变异常剧烈，潜热占据主导地位，产生蒸汽的速度非常快，远远超过蒸发端的液相工质的流动速度，在蒸汽的冲击下，液相工质被挤压到管壁上，而形成一层薄薄的液膜，像圆环一样，蒸汽产生的速度越快，液膜也就越薄。对于本实验中采用的单回路脉动热管来说，环状流存在的一侧就是工质的流动方向，也就是说环状流存在于右侧的管路中，脉动热管内工质的整体运行方向和趋势是逆时针的。如图 2-17（d）所示，溪状流主要存在于蒸发端接近蒸干时或者在高加热功率下工质运行方向转变时，溪状流主要是由于蒸发端输入热量较高，然而由于某些因素管内工质不能形成很好的流动，导致补充液相工质不及时，液相工质会沿着管壁向蒸发端流动，形不成塞状流，而由于补充的液体较少，在热量的作用下迅速气化，从而形成溪状流。

▶▶ 2.4.2 流动及温度变化情况

充液率和加热功率的改变会对脉动热管运行产生影响，在低热量输入下加热功率为 50W 时，分别对低充液率 20%、中等充液率 50%、高充液率 80% 进行了对比分析。如图 2-18 所示，分别为充液率 20%、50%、80% 初始状态下的气液分布情况，从图 2-18 中可以看出，在低充液率下工质更容易聚集在脉动热管的底部，上半部分主要以长气塞的形式存在，气液分布非常不均匀。而中等充液率则在初始充灌工质时，能够形成良好的气液分布状态，主要存在泡状流、塞状流、长塞状流。对于高充液率，由于充液的占比很大，极大地压缩了气塞的空间，在初始状态时主要以泡状流和塞状流存在。

随着热量的输入，充液率 20% 下的脉动热管不能成功运行，由于充液率较低，蒸发端没有足够的液态工质补充，很容易局部干烧，蒸发端测点温度急剧上升，导致管内压力升高，造成传热恶化。大部分液体工质，都以塞状流的形式分别聚集在脉动热管的左右两侧的中间位置，无法回流至蒸发端。蒸发端吸收热量后只能通过导热向冷凝端传递，不能再产生蒸汽，分聚在两侧的液相工质也无法回流到冷凝端，导致启动失败。

充液率 50% 下的脉动热管，加热功率为 10W 时，脉动热管未能成功启动，管内工质左右振荡，不能形成完整的循环流动。加热功率 30W 下的运行状态在启动阶段蒸发端两侧都产生了长气塞，管壁上有一层厚厚的液膜，此时蒸发端工质主要以溪状流的形式流动，蒸发非常剧烈，气柱的长度远远超过了加热端的长度。冷凝端主要以泡状流的形式存在，工质在管内左右振荡。随着振荡频率和振荡幅度的加剧，左侧的液柱向下转动，回流至蒸发端，此时，管内工质运动方向为逆时针。刚开始启动时，工质以泡状流形式从蒸发端流出。在运行过程中，循环运行两圈后，管内工质的运行方向转变为顺时针，如图 2-19 所示，在气泡运行方向转变的这段时间内，管内工质会出现短暂的停滞，此时监测点的温度会突然出现小幅度的上升，之后由于热量的不断输入造成热量的累计，管内工质恢复了左右振荡过程，由于不断地有工质被蒸发，所以检测点的温度不断降低直至恢复到正常状态。随着振荡过程的不断加剧，左侧管内出现长气塞，管内工质开始顺时针循环运行，由于加热功率较低，从逆时针转动变为顺时针转动的过程中会伴随着较长时间的振荡。

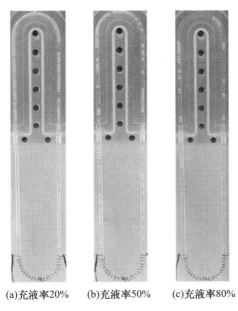

(a)充液率20%　(b)充液率50%　(c)充液率80%

图 2-18　加热功率 50W 下
初始气液分布

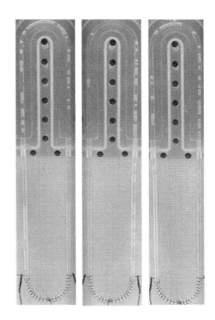

图 2-19　脉动热管运行过程中的转向
（充液率 50%）

　　如图 2-20 所示，是充液率为 50%、加热功率为 30W 下蒸发端监测点温度波动情况。测点温度变化频率较低，从这一次温度降低到下一次温度降低需要较长时间，在此过程中，测点温度不断升高，脉动热管内工质的流动方向也会发生转变。冷凝端的低温工质回流至蒸发端，由于加热功率较低，低温工质需要较长时间吸收热量，重新汽化，才能继续为脉动热管的稳定运行提供动力。可以看出，在加热功率为 30W 时，脉动热管运行不稳定的原因是输入的热量较低，为脉动热管运行提供的能量较小，以间歇性的循环运行为主，不能维持脉动热管的稳定运行。

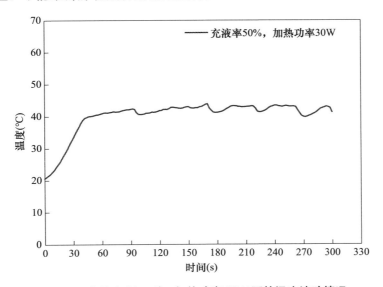

图 2-20　充液率 50% 时，加热功率 30W 下的温度波动情况

　　当加热功率升高到 50W 时，随着加热功率的输入，右侧管内开始出现长气塞，管内工质也开始逆时针转动，此时左侧管内主要的流型可以分为两种，靠近加热丝的一侧为塞状流，远离加热丝的一侧为泡状流。可以看出，长的气塞推动脉动热管内工质向着某一个方向运动，但是在此工况下管内工质的运行方向也会发生转变，不过与较低加热功率 30W 有很大不同，在循环运行方向转变的过程中，使用的时间更短，更为流畅。可以从图 2-21 看出，在启动运行后，相对于较低加热功率下、稳定运行时的平均温度更低，带走的热量也更多，温度波动的频率更大，温度升高过程的时间占比更少，也就说明在转向过程中振荡阶段所用时间更短，能更迅速地实现逆时针和顺时针循环运行的相互转换。

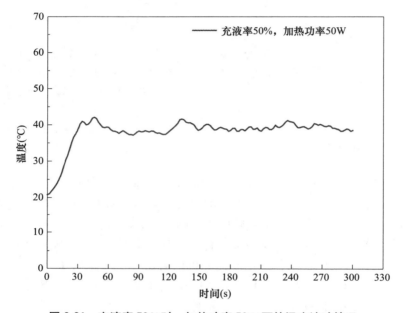

图 2-21　充液率 50％时，加热功率 50W 下的温度波动情况

　　如图 2-22 所示，为充液率 50％、加热功率为 90W 下的温度波动情况。脉动热管在启动之后管壁温度短暂减低之后又逐渐升高，启动时的壁面温度为 42℃，维持稳定时的平均温度是 46℃，稳定运行时的平均温度要比启动时的温度要高。加热功率为 50W 下，稳定运行时的温度要比启动温度低。造成这种现象的主要原因是，较高加热功率下，能够提供的热量也较多，可以使管内工质升高到更高的温度，脉动热管刚开始运行时，带走的热量比传入的热量少，剩下的这部分热量会使管壁温度升高。

　　充液率 80％下的脉动热管，加热功率 30W 时能够启动运行，但运行时以管内的左右振荡为主，难以形成稳定的运行，不能形成完整的圆周运动。在 0～180s 时间内，脉动热管内工质振荡逐渐剧烈，之后出现转动，冷凝端的低温工质转动到蒸发端，之后又恢复左右振荡。管内工质的流型以泡状流和短的塞状流为主，难以形成长的气塞。低加热功率下出现这种现象的原因是，液相工质的量较多，产生气泡的空间较少，而且由于加热功率较低，一定时间内由液相工质吸收的热量也较少，即使能够成功启动，也很难稳定运行。在启动之后，低温工质流回蒸发端，继续吸收热量，而大量的液相工质又不能在短时间内汽化，低加热功率下能启动，但是运行不太稳定。

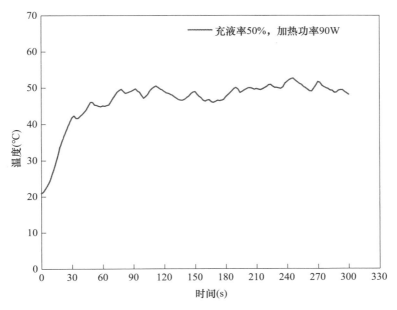

图 2-22　充液率 50％时，加热功率 90W 下的温度波动情况

如图 2-23 所示，加热功率为 30W 时，温度波动明显异常，先逐渐升高至 50℃，之后突然降低，再逐渐升高。正如之前描述的那样，温度突然降低是因为脉动热管在此时突然启动，有大量的低温工质回流至蒸发端。随着加热功率的升高，升高至 50W，蒸发端逐渐产生长的气塞，气塞在推动长液柱运动过程中，会产生低充液率中没有的现象，由于充液率较高，气塞不能持续地增大，没有足够的空间，当气泡的生长受到限制时，气泡运动方向上前端的长液柱内部会出现极小的气泡，小气泡在长液塞中运动，运动的方向与流动方向一致。当加热功率增加到 130W 时，这种现象更为明显，产生的量也更多。产生小气泡的原因是，由于液相工质较多，增长中的蒸汽无法形成更大的气泡，但是在压力的作用下，蒸汽最终还是能够冲破气塞与液塞的交界面，进入长液柱中。如图 2-23 所示，充液率 80％下即使脉动热管能够启动运行，但是在启动之后测点的温度还是会逐渐升高，维持在一个较高温度上，波动的频率较低。可以看出，蒸发端带走的热量主要以液相工质的显热为主，潜热的变化很小，能够带走的热量很少。液相工质吸收热量后，由于生长空间的限制，主要用于升高自身温度，然后在压差的作用下，运动到冷凝端后进行显热换热，由于显热的换热量很小，再流回蒸发端时自身的温度也不是很低。由此可以看出，高充液率下，气泡的生长空间严重受到限制，脉动热管的热量传递以显热换热为主。

结合上述实验现象与结果，充液率和加热功率都会对脉动热管的流型和流动状态产生影响，也会影响脉动热管的运行性能。在运行过程中，管内工质流动方向的转变，会对管内的脉动情况产生不利的影响，在脉动热管运行中涉及多个流型间的转换，管内工质的流动状况进而会对脉动热管运行性能造成影响。

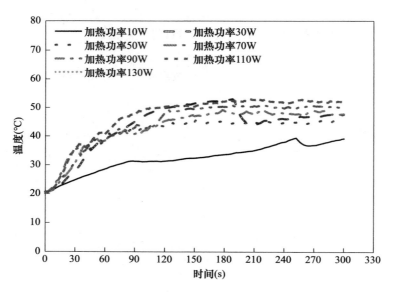

图 2-23　充液率 80％时，不同加热功率下的温度波动情况

▶▶ 2.4.3　加热丝长度影响

可视化实验中在脉动热管的低端分别均匀缠绕两种不同长度的加热丝，改变加热丝的长度主要是为了改变蒸发端的热流密度。如图 2-24 所示，脉动热管蒸发端缠绕的加热丝长度分别为 0.7m 和 1.2m。在短的加热丝长度下，脉动热管在运行时会出现转向和短暂停滞，而在长的加热丝长度下，没有出现转向，停滞的时间也更短，运行更加平稳。其主要原因是，短的加热丝长度单位面积的热流密度更大，而加热的工质量更少，加热丝缠绕处的蒸发更为剧烈、更加强烈；另一个是因为，短的加热丝缠绕在脉动热管的弯管处，使得左右管内压力变化更加不稳定。现在看来，加热丝长度的增加有助于提高脉动热管运行的稳定，提高传热效果。

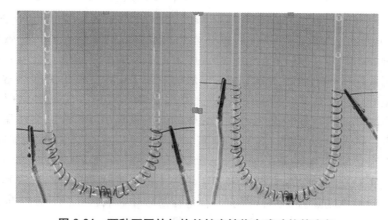

图 2-24　两种不同的加热丝长度缠绕在脉动热管底部

如图 2-25 所示，充液率 70%、加热功率为 70W 时，两种加热丝长度的温度变化情况。从图中可以看出，两种工况下脉动热管均能顺利启动，并稳定运行。脉动热管稳定运行时，加热丝长度为 1.2m 时，蒸发端温度在 31℃ 小范围内波动；加热丝长度为 0.7m 时，蒸发端温度在 37℃ 小范围内波动。加热丝短的脉动热管内温度较高，造成这种现象的主要原因是，加热功率一定时，加热丝长度越长，加热丝的电阻也就越大，通过的电流越小，单位时间内产生的热量和输入的热流密度越小。综合前面的分析可知，加热丝长度为 1.2m 的脉动热管其运行的状态要优于加热丝长度为 0.7m 的，带走的热量会更多。因此，在脉动热管稳定运行时，加热丝长度越长，蒸发端温度也就越低。

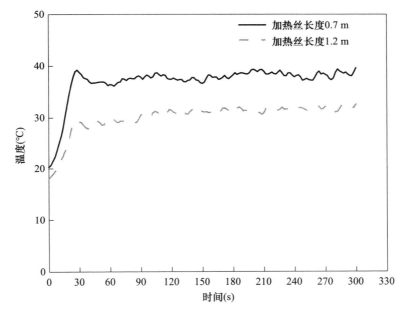

图 2-25　充液率为 70% 和加热功率为 70W 时，不同加热丝长度的温度波动曲线

▶▶ 2.4.4　流速变化

脉动热管中蒸发端工质的流动速度相对较大，冷凝端的工质流动速度较慢，即使在脉动热管稳定运行时，整个管路中的流速也不完全相同。在可视化实验中，通过对流动情况的观察，可以计算某一段时间内气液塞的流动速度，以确定流动管内工质的流动状态。图 2-26 所示为某气塞在 2s 内的流动情况，相机在 1s 内可以连拍 50 张照片，根据录制的视频分析了充液率 70%、加热功率 70W 时，从 1′15″ 的第 0 帧到 1′17″ 的第 49 帧内气塞的流动。从图 2-26 中可以看出，气塞顺时针转动，从左侧移动到右侧。表 2-2中，流体流动的平均速度最小为 0.045m/s，最大速度为 0.157m/s，说明脉动热管在稳定运行时，速度不是稳定不变的，它也会在一定范围波动。

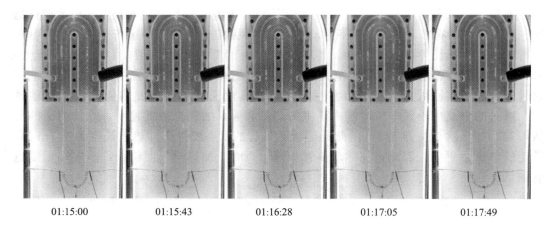

| 01:15:00 | 01:15:43 | 01:16:28 | 01:17:05 | 01:17:49 |

图 2-26 脉动热管内气塞的流动情况

表 2-2 气塞运动速度计算

加热丝长度 （m）	加热功率 （W）	充液率 （%）	开始时间	结束时间	Δt（s）	速度 （m/s）
0.7	70	70	01：15：00	01：15：43	22/25	0.045
			01：15：43	01：16：28	37/50	0.157
			01：16：28	01：17：05	29/50	0.086
			01：17：05	01：17：49	9/10	0.072

2.4.5 充液率对启动时间的影响

脉动热管可视化实验中，以蒸馏水为工质，脉动热管垂直放置且保持不变，通过改变运行参数（充液率和加热功率）来观察脉动热管内的运行状态。当充液率分别为10%、20%、30%、40%时，实验范围内的加热功率下都未能成功启动和稳定运行。如图 2-27 所示，是加热功率为 40W 时，不同充液率的蒸发端温度波动曲线。从图 2-27 中可以看出，加热功率增加，壁面温度也逐渐升高，没有出现温度突变，也没有温度的波动。相较于高加热功率，低加热功率下，温度上升的幅度较小，主要是因为当加热功率低时，蒸发端工质被蒸发的速度较慢，一段时间后，蒸发端不再存在液相工质，加热丝直接对脉动热管管壁加热，通过管壁进行导热，蒸发端压力升高，形成长气塞，阻碍液相工质的运动，管内工质不能被冷凝下来。所以，当充液率很低时，液相工质的体积分数太小，输入的热量直接通过管壁进行导热传递，脉动热管很难被启动。

如图 2-28 所示，脉动热管在七种不同加热功率下，充液率分别为 50%、60%、70%、80%、90% 时启动时间的变化情况。从图 2-28 中可以看出，随着充液率的增加，启动时间在整体上先减小后增加再减小。充液率为 70% 时，此时无论哪种加热功率下其启动时间都最小，此时的充液率则为最佳充液率。充液率 50%～60% 时，管内气泡所占的空间相对较多，加热丝的长度较短，加热的液相工质的量较少，蒸汽相变的程度也较少，导致蒸发端会先形成长的气塞，随着热量的不断输入管内的压力变大，产生的压力不平衡。而由于管内的气相工质本来就较多，可压缩性也较好，需要更大的压差才能使管内工质稳定运行，因此启动所需要的时间也会较长。充液率增加以后，管内液相工质的含量也变多，能够在加热端加热的工质也变多，可以更快地形成压力不平衡，更快地克服启动所需要的阻力。当充液率增加到80%时，气塞的空间被压缩，需要更大的压差来推动液塞流动，因此需要较长的时间启动。充液率为70%时脉动热管启动所需要的时间最短，最短启动时间为10s。

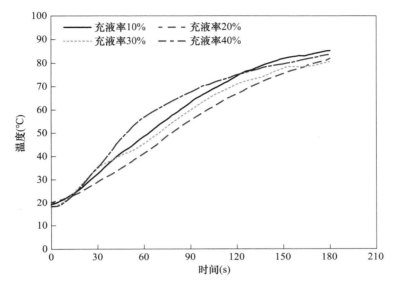

图 2-27　加热功率 40W 下不同充液率下的温度波动曲线

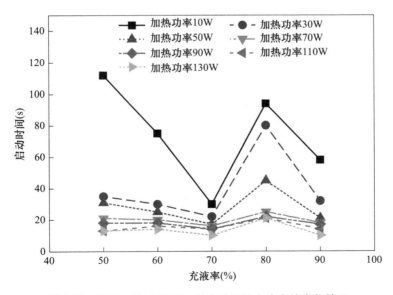

图 2-28　不同加热功率下，启动时间随充液率的变化情况

如图 2-29 所示为脉动热管在加热功率 70W 时，50％、60％、70％、80％、90％五种不同充液率下的蒸发端测点温度随时间的变化曲线。刚开始启动时蒸发端温度不断升高，之后发生"温度突变"，温度有所降低。原因是蒸发端的工质不断吸收热量，当达到一定过热度时，工质开始气化产生气泡，推动受热工质不断向冷凝端移动，造成温度降低，所以温度突变点也就是启动阶段结束点。在稳定运行阶段蒸发端温度呈现小幅度振荡，这是由于工质在管内循环转动，不断有冷凝端低温工质补充到蒸发端，不断地气化带走热量。从图 2-29 中可以看出，充液率为 60% 和 70% 时，脉动热管稳定运行后的温度波动较低，稳定的温度也较低，因为加热功率是一样的，也就是说在相同的时间内产生的热量是一样的，因此温度越低则表示带走的热量越多，运行效果也就越好。其他充液率下，即使成功启动，在启动之后蒸发端的温度波动较大，说明运行效果不好。由此综合分析可以得到，充液率为 70% 时启动性能最好，当充液率较低和充液率较高时都不利于脉动热管的启动。

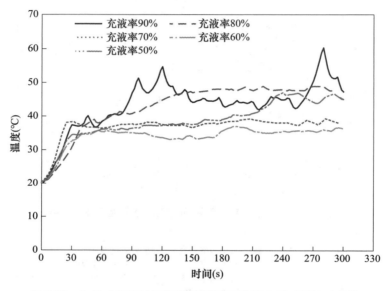

图 2-29   加热功率 70W 下不同充液率下的温度随时间波动曲线

▶▶ 2.4.6   加热功率对启动时间的影响

如图 2-30 所示，表示脉动热管在充液率 70% 下，六种不同加热功率下的蒸发端测点温度随时间变化情况。从图 2-30 中可以看出，脉动热管在每个加热功率下均能成功启动，随着加热功率的增加，脉动热管启动温度也会增加，在稳定运行时的温度也有所增加。在加热功率 10W、30W 下，蒸发端测点温度上升平稳，在平稳运行时工质的振荡频率和幅度较小，温度的变化也较为平缓。管内工质发生相变的频率较低，当冷凝液回流至蒸发端时，冷凝液需要较长时间吸收热量，之后气化推动工质循环运行，间歇性运行的状态更为明显，运行的速度和剧烈程度也较小；当加热功率大于 50W 时，温度上升的斜率也较大，管内工质的振荡幅度也有明显的变化，在稳定运行时的温度也随着加热功率的升高而增加，当加热功率为 70 W 时，温度突降最大，稳定运行时的温度也较低，在稳定运行阶段没有出现温度的再次升高，并处于小幅度的上下波动，运行状态最好；当加热功率达到110W时，虽然脉动热管已经启动运行但是由于输入热量过大，导致测点温度有短暂的突变之后仍然会逐渐升高，而后随着管内工质运行速度的加快，带走的热量也不断增加，测点温度也逐渐趋于稳定，并稳定在一个较高温度上。

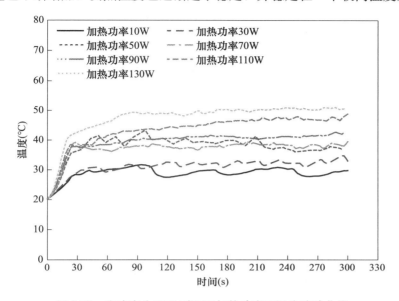

图 2-30　充液率为 70％时不同加热功率下温度波动曲线

如图 2-31 所示，为 50％～90％充液率下脉动热管启动时间随加热功率变化曲线。从图 2-31 中可以看出，随着加热功率的增加，启动的时间越来越短。加热功率 10～70W 下，启动时间减小的幅度较大；在加热功率 90～130W 下，启动时间变化不大。加热功率越大，一定时间内脉动热管吸收的热量越大，能够在更短时间内克服启动所需的阻力，减少启动时间。但是当加热功率增加时，脉动热管在短时间内获得的热量不能再减小启动所需的时间，因此适当增加加热功率可以减少启动时间。

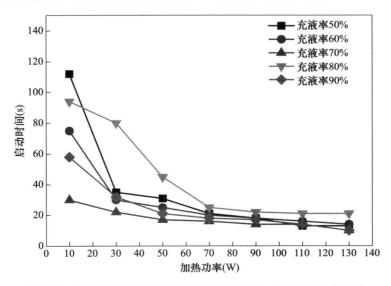

图 2-31　五种充液率下脉动热管启动时间随加热功率的变化规律

2.5 本章小结 »»»

本章从加热功率和充液率两方面对水浴加热的实验结果进行分析，主要分析了水浴加热方式下不能稳定运行的原因。最后分别从流型变化、温度变化、流速变化以及加热丝长度和运行参数的影响等方面对电加热实验结果进了分析，结论如下：

1. 水浴加热方式下脉动热管虽然没有成功运行，但是在不同加热工况和充液率下，启动的过程还是有区别的。低加热温度下，脉动热管的蒸发端会形成小的气泡，加热温度增加后，蒸发端的液相工质会很快被蒸发，蒸发端形成长气塞，阻碍脉动热管的运行。低充液率下蒸发端的液相工质容易被蒸发，高充液率下即使温度再升高，蒸发端也会保留部分液相工质。没有成功运行的原因是水浴加热能够提供的加热温度有限，加热也更加平稳，管内的压力变化更加平稳，不利于形成压力不平稳，从而克服了启动所需的阻力。

2. 可视化实验中主要涉及的流型有：泡状流、塞状流、环状流和溪状流。在加热端的主要流型为塞状流，环形流和溪状流，而在冷却端，主要流型为泡状流和塞状流，并且在运行过程中几种流型之间会相互转化。

3. 充液率 10%～40% 下的脉动热管不能成功运行，主要原因是充液率较低，蒸发端没有足够的液态工质进行补充，很容易出现局部干烧，导致管内压力升高，在蒸发端形成环状的气塞，阻碍管内工质的流动，造成传热恶化。

4. 随着充液率的增加，启动时间在整体上先减小后增加再减小。随着加热功率的增加，启动的时间变短。小加热功率时启动时间减少的幅度较大；在大加热功率时，启动时间变化不大。加热丝长度的增加有助于提高脉动热管的运行稳定。脉动热管在稳定运行时，速度不是稳定不变的，它也会在一定范围波动。

3 混合盐溶液脉动热管实验系统优化设计

3.1 工质的组分确定 >>>

脉动热管的传热性能受工质及外加扰动力的影响较大。脉动热管启动运行阶段，当加热功率较低时，热量产生的驱动力小于流动阻力，脉动热管不能启动，外加动力可有效弥补热量产生驱动力不足的问题，降低脉动热管的启动温度。脉动热管稳定运行阶段，快速稳定的单向流动有利于传热过程的高效进行，但是由于脉动热管内部的流体有一定的不可控性，在运行过程中往往伴随着流体的短暂停滞及反向流动，这不利于脉动热管的高效传热，外加动力对脉动热管的快速运行起积极作用并且更易于控制工质的流动。

在脉动热管运行过程中，工质的物性参数对其运行性能有很大的影响。工质中的不凝性气体、沉淀等均会对其传热性能产生恶化作用。在磁场作用下，选择导电性能良好且在导电过程中溶液组分构成不发生变化的盐溶液作为运行工质，对脉动热管内部运行工质盐溶液施加电流，这时盐溶液中定向运动的电荷受电磁力的作用，相当于被施加一个可控的、持续的外部驱动力，通过改变磁场强度及方向或者输入电流大小及方向来实现对外部驱动力大小及方向的控制，从而达到提高启动性能、增强传热效果的目的。

实验中对工质的选择有两点需求：第一，具有良好的导电性能，第二，工质在导电状态下溶液组分构成不发生变化。以导电性能及导热性能良好的硫酸铁与七水硫酸亚铁混合盐溶液作为运行工质，利用其在低输入电压下溶剂不参与电化学反应的特性，在脉动热管内部添加可调控大小的外电磁动力。

混合盐溶液的电离情况分析：

$$Fe_2(SO_4)_3 = 2Fe^{3+} + 3SO_4^{2-} \tag{3-1}$$

$$FeSO_4 = Fe^{2+} + SO_4^{2-} \tag{3-2}$$

$$H_2O = H^+ + OH^- \tag{3-3}$$

当电流较低时，盐溶液的电化学反应情况分析：

阴极：
$$Fe^{3+} + e^- = Fe^{2+} \tag{3-4}$$

阳极：
$$Fe^{2+} - e^- = Fe^{3+} \tag{3-5}$$

当电流较高时，盐溶液的电化学反应情况分析：

阴极：
$$2H^+ + 2e^- = H_2 \uparrow \tag{3-6}$$

阳极： $$4OH^- - 4e^- \Longrightarrow 2H_2O + O_2 \uparrow \tag{3-7}$$

在混合铁盐与亚铁盐溶液中，$Fe_2(SO_4)_3$ 电离出 Fe^{3+} 与 SO_4^{2-} 两种离子，$FeSO_4$ 电离出 Fe^{2+} 与 SO_4^{2-} 两种离子，H_2O 电离出 H^+ 与 OH^- 两种离子，此时混合盐溶液中有 Fe^{3+}、Fe^{2+}、SO_4^{2-}、H^+、OH^- 五种离子，五种离子均匀地分布在脉动热管中。由于氧化性 $Fe^{3+} > H^+ > Fe^{2+}$，还原性 $Fe^{2+} > OH^- > Fe^{3+}$，在盐溶液刚开始电解阶段，阴极 Fe^{3+} 得电子变为 Fe^{2+}，阳极 Fe^{2+} 失电子变为 Fe^{3+}，在脉动热管内工质的振荡和离子扩散作用下，Fe^{2+} 与 Fe^{3+} 在阴极和阳极趋向于均匀分布。在低电压下，电化学反应较缓慢，离子趋向均匀化的速度大于电解速度，这时溶液中 Fe^{2+} 与 Fe^{3+} 离子大体处于均匀分布状态，溶液导电维持平衡状态。但在高电压下，反应剧烈，脉动热管内工质的振荡和离子扩散作用不能及时使溶液中的 Fe^{2+} 与 Fe^{3+} 维持均匀分布，离子趋向均匀化速度小于电解速度，这时溶液的导电平衡状态被打破，阴极缺少 Fe^{3+}，阳极缺少 Fe^{2+}，导致 H^+、OH^- 开始参与电化学反应，产生大量的氧气与氢气。

故在使用此混合盐溶液过程中，需严格控制电流的大小，在临界电压之下，仅需 Fe^{3+} 与 Fe^{2+} 离子参与反应，避免电流过大导致电解速度过快，使工质振荡交换的速度小于电解的速度，导致 H^+、OH^- 参与电化学反应，从而产生不凝性气体、沉淀，影响实验的运行性能。

3.2 工质制备和物理性能 ▶▶▶▶

▶▶ 3.2.1 硫酸铁与七水硫酸亚铁混合工质制备

以硫酸铁与七水硫酸亚铁为溶质，以蒸馏水为溶剂，三者组成的混合溶液作为脉动热管的运行工质。混合运行工质的具体制备过程主要分为三步：

第一步：根据所需的溶液质量浓度，确定需要配置的溶质及溶剂的量，即硫酸铁与七水硫酸亚铁粉末的质量及蒸馏水的质量。

第二步：由电子天平称量硫酸铁与七水硫酸亚铁粉末的具体数值。如图 3-1 所示，电子天平的精度为 0.1mg，量程为 0～120g；由量筒来量取蒸馏水体积的具体数值，从而确定其质量。为保证实验的准确性，在量取过程中，量筒应水平放置，视线应与筒内液体最低凹液面处保持水平，此时读出量筒的数值为蒸馏水的体积。

第三步：把称取的硫酸铁与七水硫酸亚铁粉末倒入烧杯中，然后把量取的蒸馏水也倒入烧杯中，用玻璃棒搅拌，直至使硫酸铁与七水硫酸亚铁粉末完全溶解。由于七水硫酸亚铁水溶液在空气中易被氧化，故配置好的混合溶液应该快速转移到密闭容器中，以免混合溶液氧化变质，影响溶液配比。

图 3-1 电子天平

硫酸铁与七水硫酸亚铁均为无机化合物，两者均易溶于水。硫酸铁固态性状为灰白色粉末，由于铁离子的存在，水溶液呈现的颜色为黄色。七水硫酸亚铁固态性状为淡蓝绿色结晶颗粒，由于亚铁离子的存在，水溶液呈现的颜色为浅绿色。如图 3-2 所示，为硫酸铁与七水硫酸亚铁与蒸馏水的混合溶液，水溶液呈现的颜色棕黄色。

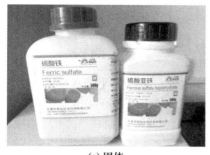

(a) 固体   (b) 混合盐溶液外观

图 3-2 硫酸铁与七水硫酸亚铁

▶ 3.2.2 混合工质的物性参数

在表 3-1 中，显示了不同温度下，蒸馏水和混合盐溶液的热扩散系数、导热系数及动力黏度。在不同温度下，蒸馏水与混合盐溶液的热扩散系数差别不大，其中混合盐溶液的热扩散系数略小于蒸馏水的热扩散系数。在 30℃下，混合盐溶液的动力黏度为 1.04mPa·s，蒸馏水的动力黏度为 0.8mPa·s，混合盐溶液的动力黏度大于蒸馏水的动力黏度。随着温度的升高混合盐溶液的动力黏度与蒸馏水的动力黏度均有所降低。在 70℃下，两者的动力黏度差别不大，混合盐溶液的动力黏度为 0.55mPa·s，蒸馏水的动力黏度为 0.41mPa·s。

表 3-1 蒸馏水和硫酸铁与七水硫酸亚铁混合流体热物理性能参数

工质	温度 （℃）	热扩散系数 （mm²/s）	导热系数 ［W/(m·K)］	动力黏度 （mPa·s）
蒸馏水	30	0.15	0.62	0.80
	70	0.16	0.66	0.41
10%	30	0.13	0.57	1.04
	70	0.14	0.60	0.55

3.3 混合盐溶液导电特性初步测试装置 ▶▶▶

图 3-3 和图 3-4 所示是混合盐溶液导电特性初步测试系统图与实物图。实验系统主要包括：多流道构件、混合盐溶液、石墨、直流电源、万用表、开关、导线。多流道构

件材质为石英玻璃，其有三个与外界连接的通道，两个通道为石墨嵌入口，一个通道为充液口。

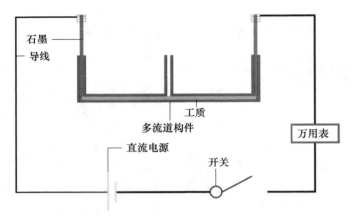

图 3-3　多流道构件混合盐溶液导电特性实验系统图

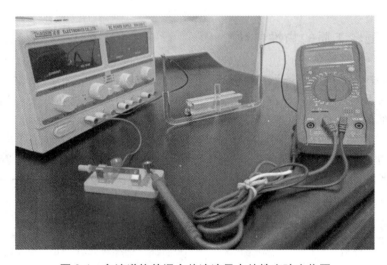

图 3-4　多流道构件混合盐溶液导电特性实验实物图

　　实验导电通路的连接过程为：首先按实验需求，把两个石墨棒嵌入多流道构件中的任意两个通道里，然后从充液口将混合盐溶液注入到多流道构件里面，直到混合盐溶液与石墨棒底端充分接触。使用通电铜导线依次将多流道构件里面的石墨棒、直流电源、开关、万用表串联在一起，构成一个导电回路。直流电源提供电力输入，万用表可显示导电回路的实时电流。打开直流电源及万用表，关闭开关，此时整个回路中具有电场力，由于混合盐溶液具有良好的导电性能，在电场力的驱动下，溶液中的电荷定向移动，形成电流，使整个回路呈通路状态。通过调节直流电源的电压，来调节混合盐溶液中电流的大小。观察混合盐溶液的状态，如：有无气泡、有无沉淀、溶液颜色有无变化，完成对盐溶液的导电特性测试，寻找在导电状态下，混合盐溶液整体上不发生电化学变化的电流极限值。

3.3.1 石墨棒与多流道构件组合装置

如图 3-5 所示，为耐高温高纯石墨棒实物图，选择直径为 4mm、长度为 10mm 的耐高温高纯石墨棒，作为多流道构件里面的导电盐溶液与外部导线的连接构件。选择耐高温高纯石墨棒作为连接构件的原因有两点：第一是由于石墨具有良好的导电性能，第二是由于在通电状态下，石墨具有稳定的性能，其作为导体放置到混合盐溶液中，石墨本身不与混合盐溶液发生电化学反应。

如图 3-6 所示，为多流道构件实物图，其由圆形管道构成，材质为玻璃，结构近似呈"山"字状，管道壁厚 3mm，直径 4mm，总长度为 200mm，高度为 100mm，构件有三个与外界连接的通道，两个通道为石墨嵌入口，一个通道为充液口，高度均为 50mm。

两个耐高温高纯石墨，直径为 4mm，长度为 10mm，分别按实验需求嵌入到多流道构件里面的石墨嵌入口，嵌入石英玻璃的深度约为 43mm。选用硫酸铁与七水硫酸亚铁为溶质，蒸馏水为溶剂，组成的混合盐溶液为测试工质，注入多流道构件里，液体需充分接触石墨的底端。多流道构件可分别提供两个长度的流道长度测试，图 3-7 所示为多流道构件与石墨棒组合装置第一种流道结构图，此时两个石墨电极之间混合盐溶液流道长度约为 220mm，图 3-8 所示为多流道构件与石墨棒组合装置第二种流道结构图，此时两个石墨电极之间混合盐溶液流道长度为约为 120mm。

图 3-5　耐高温高纯石墨棒实物图

图 3-6　多流道构件实物图

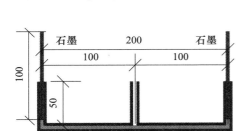

图 3-7　多流道构件与石墨棒组合装置
第一种流道结构图

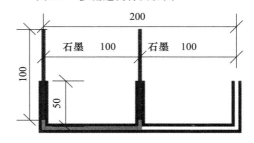

图 3-8　多流道构件与石墨棒组合装置
第二种流道结构图

3.3.2 电力输入装置

图 3-9 所示为"兆信"直流电源实物图，"兆信"直流电源输出模式可分为独立输出、串联输出、并联输出。在实验过程中，选择独立输出模式，此时电压量程为 0～

30V，电流量程为 0～5A，电压分辨率为 0.1V，电流分辨率为 0.01A。实验系统的电力输入来源由"兆信"直流电源提供，通过调节直流电源的电压值，来实现电路中所需电流的调控。

图 3-10 所示为万用表实物图。由于整个实验系统中的电流较小，"兆信"直流电源的电流量程精度过小，无法正确地显示电路中的电流数值。万用表的直流电流测量量程分为 2mA/20mA/200mA/20A。在实验过程中，选择合适的直流电流测量量程，来对数据进行采集。

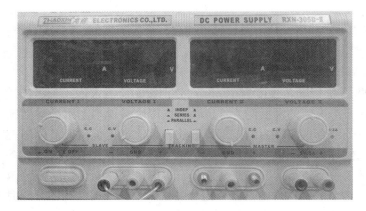 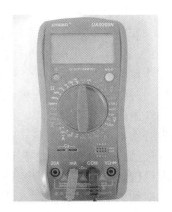

图 3-9　"兆信"直流电源实物图　　　　图 3-10　万用表实物图

▶▶ 3.3.3　实验步骤

第一步：首先进行准备工作，检查整个系统的连接情况，确保实验装置的每一部分都能正常使用，无损坏。

第二步：将配置好的混合盐溶液，使用注射器注入多流道构件中，在注入过程中，避免进入气泡而影响实验结果，当嵌入玻璃管内的石墨两端头都充分接触到混合盐溶液时，停止注入盐溶液。

第三步：首先连接开关，其次打开万用表，最后打开直流电源的开关。实验所需的电压范围为 0.1～5V，按照实验需求逐步上调，记录电流数据，同时观察多流道构件运行工质的状态，观察溶液颜色及正负极是否有气泡生成及沉淀产生，有气泡及沉淀产生应立即停止实验，在 3 个小时之内不产生气泡，说明实验成功。

第四步：关闭电源，清洁实验台。

3.4　电磁力发生装置及内部混合盐溶液导电特性装置 》》》》

图 3-11 和图 3-12 是电磁力发生装置及内部混合盐溶液导电特性系统的实验装置图和系统图。整个实验系统分为四部分，分别是电力输入系统、电流采集系统、抽真空系

统和电磁力发生装置主体。电力输入系统、电流采集系统与混合盐溶液导电特性初步测试使用的装置相同，抽真空系统与脉动热管实验系统使用的设备相同。

图 3-11　电磁力发生装置混合盐溶液导电特性实验系统装置图

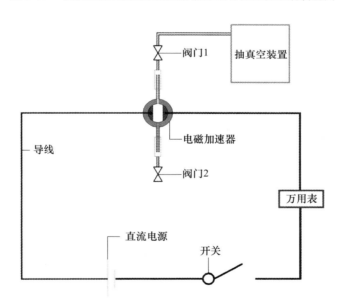

图 3-12　电磁力发生装置混合盐溶液导电特性实验系统图

▶▶ 3.4.1　脉动热管主体及配件

图 3-13 所示为电磁力发生装置主体结构实物图。电磁力发生装置主体，是由导热性能良好的石英玻璃制成的。两个安装在不锈钢管道上的阀门来满足其对密封性的要求，不锈钢管与玻璃管之间采用转换阀门连接。

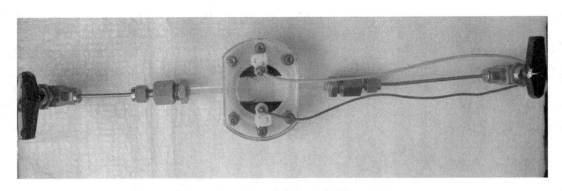

图 3-13　电磁力发生装置主体结构实物图

3.4.2　实验步骤

为保证实验的顺利运行，需要严格按照以下步骤进行实验（图 3-12）：

第一步：首先检查整个实验系统的外观，保证其外管无破损，各部分连接正常。

第二步：打开电磁力发生装置主体上的阀门 1，关闭阀门 2，后打开真空泵，对其抽真空。

第三步：按照所需要的工质浓度，相应地称取硫酸铁与七水硫酸亚铁固体工质，量取所需溶液，配置好工质。将配置好的混合盐溶液放置于抽真空充液装置的量筒中。

第四步：将配置好的混合盐溶液通过抽真空充液装置充入电磁力发生装置内。

第五步：关闭阀门 1，打开直流电源，按照实验所需要的电压依次进行调节。

3.5　脉动热管实验系统 ▶▶▶▶

图 3-14 和图 3-15 所示为电磁力发生装置位于脉动热管竖向通道及横向通道实验系统图，图 3-16 所示为脉动热管实验装置图。实验系统主要由六大部分组成：脉动热管主体、电磁力发生装置、抽真空系统、加热系统、冷却系统、数据采集系统。脉动热管的主体结构是由材质为不锈钢的毛细管道弯折连接成的单回路管路，其管道内径为 2mm，外径为 3mm。脉动热管的阀件包括三通阀门、阀门及玻璃不锈钢连接转换件等。脉动热管的加热系统由直流电源、变压器、功率计组成。脉动热管的冷却系统，采用水浴冷却的方式，循环冷却水由高精度低温恒温槽提供。脉动热管的抽真空系统由真空泵、气液分离器、抽真空充液装置构成。数据采集系统是由安捷伦 34980A 数据采集器、计算机及热电偶构成。

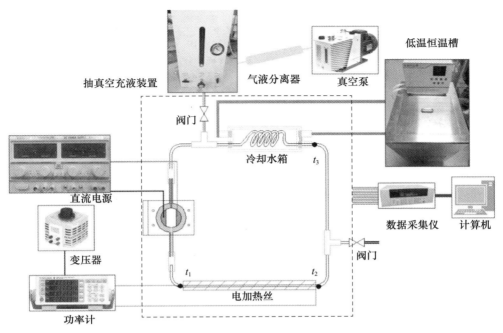

图 3-14　电磁力发生装置位于脉动热管竖向通道实验系统图

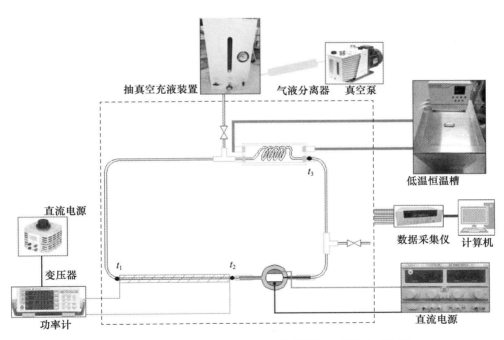

图 3-15　电磁力发生装置位于脉动热管横向通道实验系统图

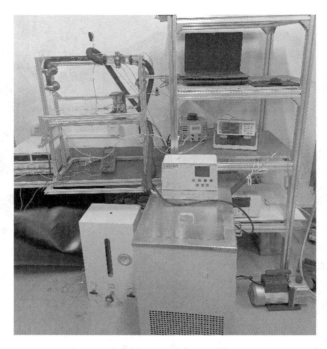

图 3-16　脉动热管实验装置图

▶▶ 3.5.1　脉动热管主体结构

3.5.1.1　电磁力发生装置位于脉动热管竖向通道主体结构图

图 3-17 所示为电磁力发生装置位于脉动热管竖向通道主体结构图。脉动热管的主体是由导热性能良好、材质为不锈钢的管道构成的单回路系统，其管道内径为 2mm，外径为 3mm。脉动热管的总长度约 1300mm，蒸发端的长度约为 260mm，蒸发端表面均匀缠绕套着玻璃纤维套的镍铬电阻丝，防止电阻丝直接与不锈钢管道接触后短路，冷凝端的长度约为 300mm，绝热端的长度约为 740mm，电磁力发生装置的长度约为 160mm。橡塑保温材料给绝热端进行保温。为方便脉动热管注入工质，在脉动热管上方连接着一个长度约为 10mm 的不锈钢支管，作为其充液口，在充液口管道上安装着一个阀门，以控制充液口的开关。为方便脉动热管排出工质，在脉动热管侧面连接着一个长度约为 10mm 的不锈钢支管，作为其通气口，在通气口管道上安装着一个阀门，以控制通气口的开关。脉动热管的各部分构件是由三通阀门、阀门及玻璃不锈钢连接转换件等组合到一起的。

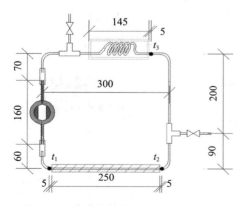

图 3-17　脉动热管竖向通道主体结构图

3.5.1.2 电磁力发生装置位于脉动热管横向通道主体结构图

图 3-18 所示为电磁力发生装置位于脉动热管横向通道主体结构图。此结构与电磁力发生装置位于脉动热管竖向通道主体结构图相比只是结构的改变。脉动热管的总长度约 1700mm，蒸发端电加热丝有三种长度，分别是 200mm、250mm 和 330mm，冷凝端的长度约为 300mm，绝热端的长度分别为 1200mm、1150mm 和 1070mm，电磁力发生装置的长度约为 160mm。其他部分结构及管道等均与电磁力发生装置位于脉动热管竖向通道主体结构图一致。

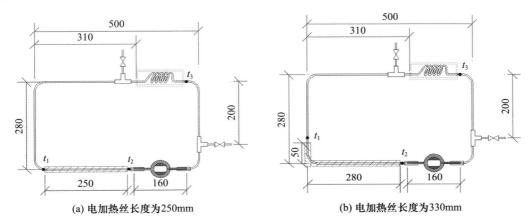

(a) 电加热丝长度为250mm　　　　　(b) 电加热丝长度为330mm

图 3-18　脉动热管横向通道主体结构图

▶▶ 3.5.2　电磁力发生装置优化设计

电磁力发生装置是由磁场发生装置与电磁力发生装置两部分构成的，磁场发生装置可提供给电磁力发生装置内部的通电工质一个匀强磁场环境，电磁力发生装置可提供给其内部工质盐溶液一个外加电流。电磁力发生装置的加速原理是：在电磁力发生装置内部充入运行工质，电磁力发生装置内部放置一对石墨电极，作为其内部的导电电极，两个电极中间的缝隙为工质的运行流道。内置石墨电极的电力输入由外部直流电源提供，在运行过程中，外部电源的连接通道一直处于开启状态。在整个电路中，由于电磁力发生装置内部的两个石墨电极之间存在缝隙，导致电路处于断路状态，当盐溶液工质运动到两个石墨电极中间的缝隙时，填补了中间的缝隙，盐溶液成为导体，在电场力的作用下，盐溶液中离子的定向移动形成电流，整个电路由断路变为通路状态，这时盐溶液工质、内置石墨电极、外部电路形成一个闭合回路，在磁场作用下，通电运行工质盐溶液受电磁力作用被加速弹出。即在磁场作用下，选用在通电过程中不与运行工质发生电化学反应的内置石墨电极，对脉动热管内部导电性能良好且在导电过程中本身不发生电化学变化的运行工质盐溶液施加电流，这时盐溶液中定向运动的电荷受电磁力的作用，相当于被施加一个可控的、持续的外部驱动力，通过改变磁场强度及方向或者输入电流大小及方向来实现对外部驱动力大小及方向的精准控制，从而强化脉动热管的启动性能及传热性能。

3.5.2.1 磁场发生装置

图 3-19 为磁场发生装置主体实物图，图 3-20 为磁场发生装置尺寸结构图。磁场发生装置由磁铁承载体系与钕铁硼磁铁构成。磁场发生装置的磁铁承载体系是形状为"c"字状的构件，材质为 Q235 不锈钢。磁铁承载体系的高度为 155mm，上下板的长度为 100mm，上下板的宽度为 70mm，板厚 10mm。为方便磁铁承载体系的安装固定，在其下板留有 4 个直径为 4mm 的圆形孔洞。在磁铁承载体系的上下板，放置两块总直径与总高度均为 50mm、型号为 N35 的钕铁硼磁铁，两块钕铁硼磁铁中间缝隙有 35mm，理论上两块钕铁硼磁铁中间缝隙为磁感应强度均匀一致的匀强磁场，经过高斯计仪器测量，中心点的磁场强度可达到 2500GS。

图 3-19　磁场发生装置主体实物图

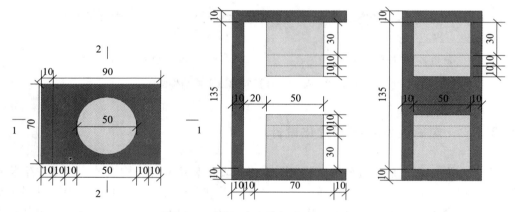

图 3-20　磁场发生装置尺寸结构图

3.5.2.2 电磁力发生装置

1. 试件 1

电磁力发生装置是由玻璃主体结构、石墨、橡胶塞子构成。图 3-21 所示为电磁力发生装置试件 1 盖子与底座三维图。图 3-22 所示为电磁力发生装置试件 1 上盖子与底座实物图。图 3-23 所示为电磁力发生装置试件 1 主体结构尺寸图。电磁力发生装置玻璃主体结构是由外径为 60mm、内径为 40mm、壁厚为 10mm 的圆形空间和封闭圆形空间的上下玻璃盖子构成。玻璃下盖不可拆卸，与主体连接在一起。玻璃上盖为可拆卸结构，盖子上有 6 个小孔，其中两个小孔贯通玻璃上盖，直径为 7mm，其余四个小孔不贯通玻璃上盖，直径为 5mm，打孔厚度也为 5mm。玻璃上盖与玻璃底座之间通过胶水进行密封处理。在玻璃主体圆形空间两端侧壁面上，分别焊接着外径为 6mm、内径为 2mm、壁厚为 2mm、长度为 50mm 的石英玻璃管。

图 3-21　电磁力发生装置试件 1 盖子与底座三维图

图 3-22　电磁力发生装置试件 1 上盖子与底座实物图

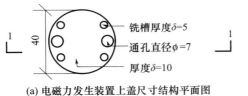

(a) 电磁力发生装置上盖尺寸结构平面图

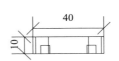

(b) 电磁力发生装置上盖尺寸结构1—1剖面图

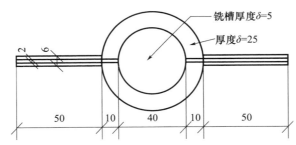

(c) 电磁力发生装置底座尺寸结构平面图

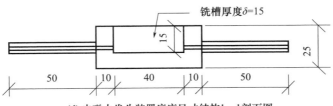

(d) 电磁力发生装置底座尺寸结构1—1剖面图

图 3-23　电磁力发生装置试件 1 主体结构尺寸图

图 3-24 所示为试件 1 石墨定制件主体实物图及三维图。图 3-25 所示为电磁力发生装置试件 1 主体实物图。两个耐高温高纯石墨定制件紧贴玻璃主体的壁面放置在圆形空间内，作为电磁力发生装置内部的导电电极，其厚度为 5mm，两个到石墨定制件中间距离为 20mm，其为工质的流道宽度，流道高度为 5mm。耐高温高纯石墨定制件上凸出的 4 个直径为 5mm 的小棒，插入玻璃上盖 4 个不贯穿的凹槽中，以此来满足石墨定制件与玻璃主体的固定。两个直径为 4mm、长度为 16mm 的耐高温高纯石墨棒，首先分别塞入到孔径为 2mm、长度为 10mm 的耐高温硅胶塞子中，石墨一端长出耐高温硅胶塞子 1mm，一端长出耐高温硅胶塞子 5mm，然后塞入玻璃上盖，此为石墨棒与玻璃上盖 7mm 小孔的封堵方式，两个 7mm 的贯穿孔中，长出耐高温硅胶塞子 1mm 的石墨那一端，和耐高温高纯石墨定制件紧靠在一起，用 304 不锈钢材质的鳄鱼架子固定在长出耐高温硅胶塞子 5mm 的石墨那一端，在鳄鱼夹子的端头连接导线，导线的另外一端连接到直流电源上，这作为玻璃空间内部石墨定制件与外界电源连接的通路。

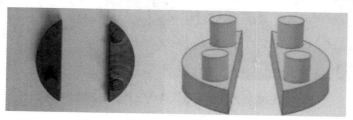

图 3-24　试件 1 石墨定制件主体实物图及三维图

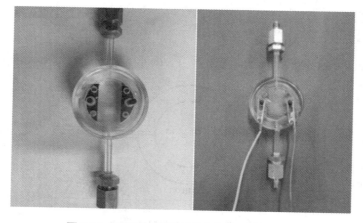

图 3-25　电磁力发生装置试件 1 主体实物图

2. 试件 2

电磁力发生装置是由玻璃主体结构、石墨、橡胶塞子构成。图 3-26 所示为电磁力发生装置试件 1 盖子与底座三维图，图 3-27 所示为电磁力发生装置试件 1 上盖子与底座实物图。图 3-28 所示为电磁力发生装置试件 2 主体结构尺寸图。图 3-29 所示为试件 2 石墨定制件主体实物图及三维图。相较于第一种设计图，本设计图主要优化了两点。第一点是优化了盖子与主体结构的连接方式，在试件 1 中，盖子与主体结构之间的连接采用胶水密封的方式，此方式对于电磁力发生装置后续的拆改有局限性，为了增强电磁力发生装置使用的灵活性，本设计采用了机械密封的方式来实现连接。第二点是优化了盐溶液流道的高度，第一种设计中流道宽度 20mm，高度 5mm，在本设计中宽度不变，高度缩小到 2mm。

图 3-26　电磁力发生装置试件 2 盖子与底座三维图

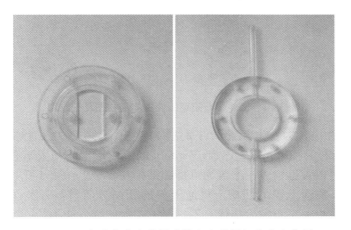

图 3-27　电磁力发生装置试件 2 上盖子与底座实物图

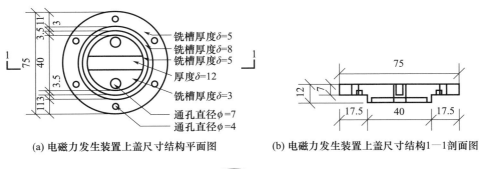

(a) 电磁力发生装置上盖尺寸结构平面图　　　　(b) 电磁力发生装置上盖尺寸结构1—1剖面图

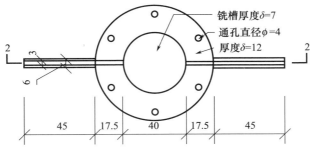

(c) 电磁力发生装置底座尺寸结构平面图

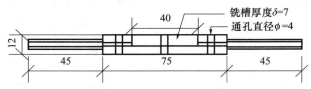

（d）电磁力发生装置底座尺寸结构2—2剖面图

图 3-28　电磁力发生装置试件 2 主体结构

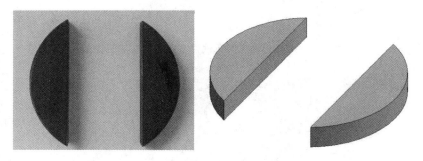

图 3-29　试件 2 石墨定制件主体实物图及三维图

图 3-30 所示为电磁力发生装置试件 2 主体实物图。电磁力发生装置主体结构是由外径为 75mm、内径为 40mm、壁厚为 17.5mm 的圆柱形空间与上下盖子、焊接在圆柱形空间侧壁面的两根管道构成。上盖为可拆卸结构，盖子上预留小孔，小孔类型包括贯通上盖的孔洞、不贯通上盖的凹槽。贯通上盖的孔洞分两类：一类作为内外部导电通道，另一类用于密封电磁力发生装置。不贯通上盖的凹槽分两类：一类用于固定内置石墨电极，另一类用于固定密封材料。圆柱形空间面上预留与上盖数量一样、位置一致的贯穿孔洞，上盖凹槽放置密封材料，通过孔洞中连接构件的挤压作用使主体空间与上盖紧密连接在一起，此时上盖凹槽中的密封材料挤压变形，填充满整个缝隙，以此来达到密封电磁力发生装置的目的。下盖为不可拆卸结构，与主体焊接成一体。在主体圆柱形空间壁面上焊接着两根管道。两个耐高温高纯石墨电极紧贴主体的壁面放置在圆柱形空间内，作为电磁力发生装置内部的导电电极，两个电极中间的缝隙为运行工质的流道。上盖的孔洞采用高温硅胶塞子密封，使直径 2mm 的石墨棒与主体空间内的石墨电极连接在一起。材质为无导磁性能的纯铜金属空间，空间一端封闭，一端开放，紧紧嵌套在石墨棒的上端，孔洞与石墨棒和金属壳子之间的空隙用高温硅胶塞子填充，以保证导电通路内外部连接的密闭性。材质为无导磁性能的金属夹子，例如不锈钢或者纯铜，一端固定在外部的金属壳上，另一端连接导线，导线的另一端连接到直流电源上，这作为主体空间内部石墨电极与外界电源连接的通路。

3. 试件 3

电磁力发生装置是由石英玻璃主体结构、石墨、橡胶塞子构成。图 3-31 所示为电磁力发生装置试件 3 盖子与底座三维图，图 3-32 所示为电磁力发生装置试件 3 上盖子与底座实物。图 3-33 所示为电磁力发生装置试件 3 主体结构。图 3-34 所示为电磁力发生装置试件 3 主体实物图。相较于第二种设计图，本设计图主要优化了两点。第一点是优化了电磁力发生装置主体结构的形状。当主体结构形状为圆形时，对其固定具有一定的局限性，故将其两侧由弧形改为直线形。第二点是优化了电磁力发生装置的材质及尺寸。采用的材质为石英玻璃，其具有较强的透视性，但其强度很差，故盖子和底座的厚度均适当地加大。其余部分试件 3 和试件 2 均相同。石墨定制件的尺寸也与试件 2 采用的尺寸一致。

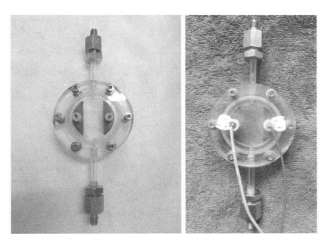

图 3-30　电磁力发生装置试件 2 主体实物图

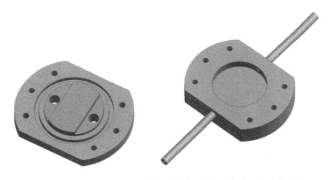

图 3-31　电磁力发生装置试件 3 盖子与底座三维图

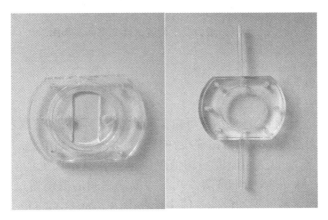

图 3-32　电磁力发生装置试件 3 上盖子与底座实物图

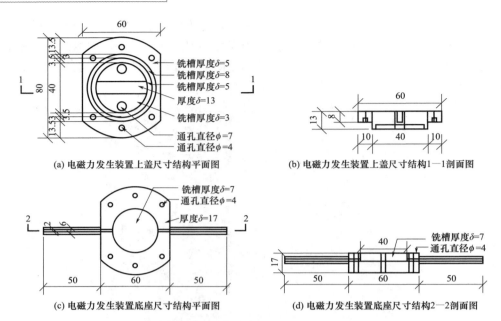

(a) 电磁力发生装置上盖尺寸结构平面图   (b) 电磁力发生装置上盖尺寸结构1—1剖面图

(c) 电磁力发生装置底座尺寸结构平面图   (d) 电磁力发生装置底座尺寸结构2—2剖面图

图 3-33　电磁力发生装置试件 3 主体结构

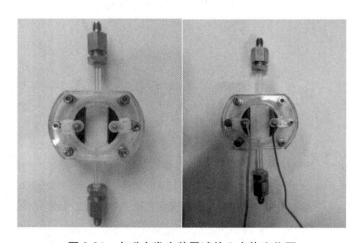

图 3-34　电磁力发生装置试件 3 主体实物图

▶▶ 3.5.3　数据处理

　　脉动热管的启动及运行性能的情况可由壁面温度、热阻两个参数来表达。如式（3-8）所示，蒸发端的壁面温度平均值可由连接在其壁面上的两个热电偶的平均值来计算。如式（3-9）所示，冷凝端的壁面温度平均值可由连接在其壁面上的热电偶数值来计算。如式（3-10）所示，脉动热管 PHP 蒸发端与冷凝端之间的温差通过蒸发端的壁面温度平均值与冷凝端的壁面温度平均值的差值来计算得出。如式（3-11）所示，蒸发端输入热功率可由输入电压与输入电流的乘积来计算得出。如式（3-12）所示，PHP 蒸发端与冷凝端之间的热阻，通过 PHP 蒸发端与冷凝端之间的温差与蒸发端输入热功率的比值来计算得出。

（1）蒸发端平均温度

$$t_e = \frac{1}{2}\sum_{i=1}^{2} t_i \qquad (3\text{-}8)$$

式中　t_e——蒸发端的平均温度（K）；

　　　t_i——第 i 个热电偶温度（K）。

（2）冷却端平均温度

$$t_c = t_3 \qquad (3\text{-}9)$$

式中　t_c——冷却端的平均温度（K）；

　　　t_3——第 3 个热电偶温度（K）。

（3）蒸发端与冷却端温差

$$\Delta t = t_e - t_c \qquad (3\text{-}10)$$

式中　Δt——蒸发端与冷却端的温差（K）。

（4）脉动热管传热量

$$Q = P = UI \qquad (3\text{-}11)$$

式中　Q——脉动热管传热量（W）；

　　　P——输入在电阻丝上的加热功率（W）；

　　　U——电压（V）；

　　　I——电流（A）。

（5）脉动热管传热热阻

$$R = \frac{\Delta t}{Q} \qquad (3\text{-}12)$$

式中　R——脉动热管的传热热阻（K/W）。

▶ 3.5.4　误差分析

为获得实验数据的准确性，用不确定度来表示实验不能肯定的程度，不确定度越小，测量结果越可靠。实验数据产生的误差，主要是由系统误差及测量装置误差引起的。系统误差主要是由环境、人员操作等产生，可通过调节使其达到对实验结果影响较小的程度，是一个可忽略的影响因素。测量装置误差主要是仪器误差，很难达到对实验结果影响较小的程度，其是一个不可忽略的影响因素。测量装置误差主要包括直接测量参数与间接测量参数，下面将对其进行详细分析。

直接测量参数的不确定度，使用不确定度 B 类来表示，为实验仪器的最小刻度，包括温度、电流、电压。间接测量参数的不确定度，根据各分量的标准不确定度计算，包括热阻、输入功率。

当间接测量参数与分量之间为积或者商的函数关系，如：

$$y = f(x_1, x_2, \cdots, x_n) = m x_1^{p_1} x_2^{p_2}, \cdots, x_n^{p_n} \qquad (3\text{-}13)$$

相对合成标准不确定度为：

$$u_y = \sqrt{\left(\frac{\partial \ln f}{\partial x_1}\right)^2 u^2(x_1) + \left(\frac{\partial \ln f}{\partial x_2}\right)^2 u^2(x_2) + \cdots + \left(\frac{\partial \ln f}{\partial x_n}\right)^2 u^2(x_n)} \qquad (3\text{-}14)$$

当间接测量参数与分量之间为和或者差的函数关系，如：

$$y = f(x_1, x_2, \cdots, x_n) = c_1 x_1 + c_2 x_2 + \cdots + c_n x_n \tag{3-15}$$

合成标准不确定度为：

$$u_y = \sqrt{\left(\frac{\partial f}{\partial x_1}\right)^2 u^2(x_1) + \left(\frac{\partial f}{\partial x_2}\right)^2 u^2(x_2) + \cdots + \left(\frac{\partial f}{\partial x_n}\right)^2 u^2(x_n)} \tag{3-16}$$

实验过程中，直接测量参数包括温度、电流、电压。温度由热电偶采集，其不确定度为 0.5℃。电流和电压的数值由功率计采集，其不确定度的计算方法为，量程×0.05％＋度数×0.1％。间接测量参数包括加热功率、热阻。

当加热丝长度选择 330mm，此时添加加热功率为 60W 时，电压为 13.86V，电流为 4.33A，已知该功率下测量的蒸发端冷却端温差为 18.27℃。电压不确定度为，量程×0.05％＋度数×0.1％＝600×0.05％＋13.86×0.1％＝0.31386V。电流不确定度为，量程×0.05％＋度数×0.1％＝20×0.05％＋4.33×0.1％＝0.01433A。

加热功率相对不确定度为：

$$\frac{u(Q)}{Q} = \frac{u(P)}{P} = \sqrt{\left(\frac{u(U)}{U}\right)^2 + \left(\frac{u(I)}{I}\right)^2} = \sqrt{\left(\frac{0.31386}{13.86}\right)^2 + \left(\frac{0.01433}{4.33}\right)^2} = 2.28889\%$$

$$\tag{3-17}$$

热阻相对不确定度为：

$$\frac{u(R)}{R} = \sqrt{\left(\frac{u(T_e)}{\Delta T}\right)^2 + \left(\frac{u(T_c)}{\Delta T}\right)^2 + \left(\frac{u(Q)}{Q}\right)^2} = \sqrt{2 \times \left(\frac{u(T)}{\Delta T_c}\right)^2 + \left(\frac{u(Q)}{Q}\right)^2}$$

$$= \sqrt{2 \times \left(\frac{0.5}{18.27}\right)^2 + (0.0228889)^2} = 4.49648\% \tag{3-18}$$

3.6 本章小结 ▷▷▷▷

本章对脉动热管的运行工质，硫酸铁与七水硫酸亚铁的混合盐溶液，如何制备进行了详细的介绍，同时介绍其外观及热物理性质参数。其次，对混合盐溶液导电特性初步测试实验系统及电磁力发生装置及内部混合盐溶液导电特性实验系统及对混合盐溶液脉动热管的实验系统及组成实验系统的装置进行了详细介绍。然后详细阐述了实验步骤及实验注意事项。最后对反映脉动热管运行性能的几个参数的计算方法进行了介绍，同时介绍了由于实验误差或者装置误差等造成的不确定度分析。

混合盐溶液导电性能分析

4.1 混合盐溶液导电特性初步测试 ▶▶▶

混合盐溶液导电特性的提升有利于增强工质的流动性和传热性能，本节研究了混合盐溶液的导电规律，通过研究通电混合盐溶液在不同电压、浓度、流道长度下的电流与电压的变化曲线，来实现对混合盐溶液导电性能的分析。

▶ 4.1.1 混合盐溶液浓度与电流的关系

图 4-1 显示的是不同浓度混合盐溶液电流随电压的变化。混合盐溶液的质量浓度分别是 1.25%、2.5%、5%、10%、20%、40%。随着电压的增大，不同浓度混合盐溶液的电流均呈现出增长的趋势。在相同的电压下，质量浓度为 40% 时电流值最大，质量浓度为 1.25% 时电流值最小，浓度越大，电流越大，电流与溶液浓度呈现正相关关系。这是由于在相同电压下，当盐溶液的浓度较高时，Fe^{3+} 与 Fe^{2+} 含量多，可定向运动的电荷数量较多，单位时间内通过导体横截面的电荷量较多，定向移动的电荷形成电流，故此时高浓度混合盐溶液具有较大的电流。

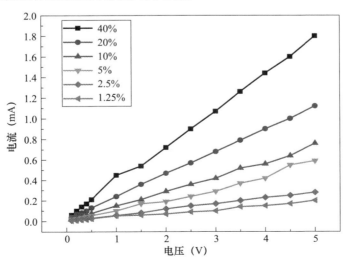

图 4-1　不同浓度混合盐溶液电流随电压的变化

4.1.2 混合盐溶液流道长度与电流的关系

图 4-2 显示的是不同流道长度下电流随电压的变化。随着电压的增大，不同流道长度混合盐溶液的电流均呈现出增长的趋势。在相同的电压下，流道长度越长，电流越小，电流与流道长度呈现负相关关系。这是由于流道长度越长电阻越大，当电压相同时，根据欧姆定律，电流随着电阻的增大而减小。

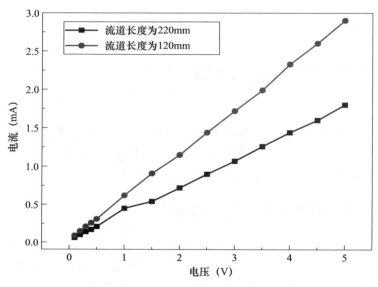

图 4-2 不同流道长度下电流随电压的变化

4.2 电磁力发生装置及内部混合盐溶液导电特性结果与分析 ▷▷▷▷

本节研究了电磁力发生装置内部混合盐溶液导电特性。以质量浓度为 10％的硫酸铁与硫酸亚铁混合盐溶液为工质，在通电状态下，研究了工质状态、电压大小及方向、通电时间、工质流动性、气泡大小、振荡时间等对其导电电流及工质性能的影响。

4.2.1 更换混合盐溶液时电流变化

真空状态下，电磁力发生装置内的混合盐溶液在不同电压下通电时间与电流的关系及产生气泡的时间。电压范围是 0.5～8V，实验时电压的间隔是 0.5V。

在实验进行过程中，首先对电磁力发生装置进行抽真空处理，充入混合盐溶液。然后选择电压，每隔 10s 记录电压与电流的对应关系，直至电流变化幅度较小时停止实验。然后把电磁力发生装置内的混合盐溶液排出，再次抽真空，重新配置质量浓度相同的混合盐溶液，重新充入电磁力发生装置，将电磁力发生装置静置 2min。最后改变电压，继续重复上述实验操作，直至完成实验。

4.2.1.1 电压及通电时间对电流的影响

图 4-3 为混合盐溶液不发生电化学反应时的可视化图片。图 4-4 所示为混合盐溶液不发生电化学反应时电流随电压及通电时间的变化。通过图 4-3 可观察到，在实验过程中溶液状态无变化。由图 4-4 可知，当通电时间相同时，电压越大，电流越大，此时电压与电流成正相关关系。随着通电时间的增加，在不同的电压下，电流均呈现出递减的关系，最后趋于一个定值。其中当通电时间小于 100s 时候，各个电压下，电流的变化幅度较大。其中电压越高，电流的变化幅度越大。当电压为 2V 时，电流从 9.68mA 左右下降到 4.20mA 左右，变化幅度为 5.48mA；当电压为 1.5V 时从 7.68mA 左右下降到 3.96mA 左右，变化幅度为 3.72mA；当电为 1V 时从 4.89mA 左右下降到 3.10mA 左右，变化幅度为 1.79mA；当电压为 0.5V 时从 2.60mA 左右下降到 2.11mA 左右，变化幅度为 0.49mA。

图 4-3　混合盐溶液不发生
电化学反应时的可视化图片

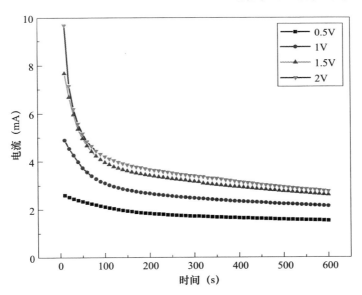

图 4-4　混合盐溶液不发生电化学反应时电流随电压及通电时间的变化

图 4-5 为混合盐溶液发生电化学反应慢时的可视化图片。图 4-6 为混合盐溶液发生电化学反应慢时电流随电压及通电时间的变化。通过可视化图片可知，当化学反应很慢时，石墨壁面上气泡较少，在实验过程中，气泡没有发生移动，为相对静止的状态。当

化学反应较慢时，石墨壁面上气泡较多，在实验过程中，气泡沿着石墨壁面缓慢向上移动，最终和空间内的大气泡融合。气泡的移动速度和电压成正比的关系，电压越高时，气泡的移动速度越快。由图 4-6 可知，当通电时间一致时，电压和电流成正比的关系。电流在前 100s 时，变化较快，随着通电时间的增加，电流的变化幅度减慢。在电压为 2.5～3.5V 时，电压和电流之间的关系成正比的关系，但是当电压大于 4V 时候，这种绝对正比的关系被打破。当电压为 4V 时，通电时间为 250s 左右时，电流突然上升，通过可视化实验可观察到，发生了气泡的融合，在气泡融合过程中，可看到溶液有较小的振荡。当电压为 5.5V、通电时间为 500s 时，可观察到一个超大气泡和大气泡融合，溶液振荡幅度很大，电流值增长了 1mA。

(a) 电化学反应速度很慢　　　　　　　　(b) 电化学反应速度较慢

图 4-5　混合盐溶液发生电化学反应慢时的可视化图片

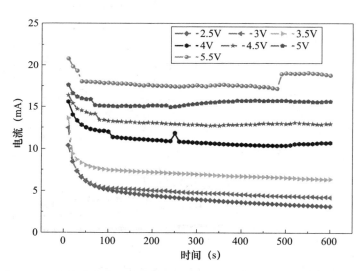

图 4-6　混合盐溶液发生电化学反应慢时电流随电压及通电时间的变化

图 4-7 为混合盐溶液发生电化学反应较快时的可视化图片。图 4-8 为混合盐溶液发生电化学反应较快时电流随电压及通电时间的变化。通过可视化可以观察到，当电压较大时候，溶液发生电化学反应较激烈。这时石墨侧壁上产生大量的气泡，大量的气泡沿着石墨的壁面快速地向上移动，最终和大气泡融合在一起。由图 4-8 可以看出，在反应刚开始阶段，当时间相同时，电流和电压成正比的关系。随着时间增大，这种绝对正比

的关系被打破，如当时间为 170s 左右、电压为 7V 时，电流最小。当反应刚开始运行时候，由于溶液的电化学反应时间较短，产生的气泡总体较小，这不足以影响电流和电压的关系。随着反应时间的增加，产生的气泡越来越多，此时气泡的体积越来越大，较大的气泡带来过大的电阻。当气泡聚集的形态在石墨壁面较长、宽度较小时，电阻增加较多，当气泡聚集的形态在石墨壁面较短，但宽度较大时，电阻增加较小，但是在产生气泡的过程中具有一定的随机性，故才会出现当时间为 170s 左右、电压为 7V 时相较于电压为 6V 与 6.5V 时，电流值最小。

图 4-7 混合盐溶液发生电化学反应较快时的可视化图片

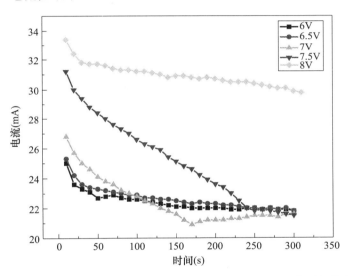

图 4-8 混合盐溶液发生电化学反应较快时电流随电压及通电时间的变化

图 4-9 为不同电压发生电化学反应的时间。从图 4-9 中可看到在电压为 0.5～2V 时，无电化学反应现象。当电压为 2.5V 时，在通电时间约为 620s 的时候，石墨侧壁上产生小气泡，溶液发生电化学反应。电压为 3V 时，通电时间约为 110s；电压为 3.5V 时，通电时间约为 30s；电压为 4V 时，通电时间约为 10s；电压为 4.5V 时，通电时间约为 8s；电压为 5V 时，通电时间约为 6s；电压为 5.5V 时，通电时间约为 6s；电压为 6V 时，通电时间约为 5s；电压为 6.5V 时，通电时间约为 4s；电压为 7V 时，通电时间约为 4s；电压为 7.5V 时，通电时间约为 2s，可以看出随着电压的增大，溶液发生电化学反应的时间越来越短。当电压为 8V 时候，在通电的第一秒就发生了电化学反应。这是由于当电压较低时，阴阳极反应需要的离子量较少，这时溶液中离子的运动速度大于离子的反应速度，故不发生电化学反应现象。随着电压的增大，石墨的正负极所需的离子

数量逐渐增多，这时候离子的交换速度小于离子的反应速度，电压越高，正负极所需要的离子浓度越高，所以在高电压下，溶液中亚铁根离子和铁根离子远远不能满足正负极所需要的离子量，这时候溶液中其他位置的离子还来不及补充到石墨电极附近，这时候石墨电极附近能得失电子的只有水中的氢氧根离子和氢离子，故高电压下发生电化学反应的时间越来越短。

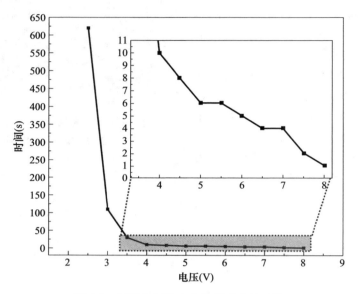

图 4-9　不同电压发生电化学反应的时间

4.2.1.2　气泡大小对电流的影响

图 4-10 为气泡覆盖石墨长度的比例可视化图片。图 4-11 为电流随气泡覆盖石墨长度比例的变化。选择电压为 2.5V 时，在电流较稳定的情况下进行研究。从图 4-11 中可以看出，随着气泡占据石墨的比例越大，通电混合盐溶液的电流呈现下降的趋势。在气泡完全覆盖住石墨的情况下，空间内部仍然有电流，这是由于电磁力发生装置依靠盐溶液离子的定向移动进行导电。随着气泡占据石墨长度的增加，导致连接两个石墨中间的导电液体减少，此时可定向移动的离子变少，故导致电阻越来越大，电流越来越小。当气泡完全覆盖住石墨时，由于空间内部的液体还是有少部分处于连通状态，故此时有电流存在。

(a) 比例为1/4　　　　(b) 比例为1/2　　　　(c) 比例为3/4　　　　(d) 比例为1

图 4-10　气泡覆盖石墨长度的比例可视化图片

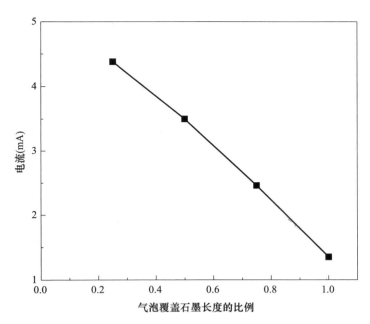

图 4-11　电流随气泡覆盖石墨长度比例的变化

4.2.1.3　电压方向对电流的影响

图 4-12 为电流随电压方向的变化曲线。选择的电压为 2.5V。由图 4-12 可以看出，在反应刚开始阶段，电流随时间呈现递减趋势。在时间为 150s 时，改变通电电压的方向，此时电流方向也随之改变，这时电流数值呈现直线上升的趋势，然后电流又逐渐减小。在 300s、450s、600s、750s、900s、1050s 时，改变电压方向，这时的变化规律和

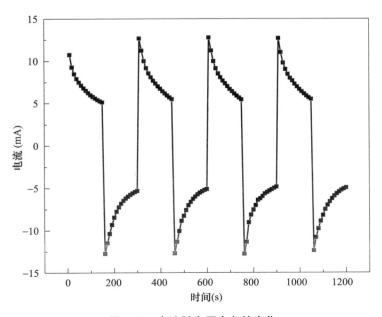

图 4-12　电流随电压方向的变化

150s 时相同。这是由于当电压的方向不变时，随着时间的增加，正负极附近所需的离子浓度降低，阴极 Fe^{3+} 得电子变为 Fe^{2+}，阳极 Fe^{2+} 失电子变为 Fe^{3+}，导致阴极附近 Fe^{3+} 浓度减小而 Fe^{2+} 浓度增大，导致阳极附近 Fe^{2+} 浓度减小而 Fe^{3+} 浓度增大，此时阴极 Fe^{3+} 没有足够的量参与快速反应。随着电压方向的改变，此时正负极对调，即阴极存在大量的 Fe^{3+} 离子，阳极存在大量的 Fe^{2+} 离子，此时有充足的离子参与反应，故此时电流值突然由小变大。

4.2.2 不更换混合盐溶液时电流变化

本节研究的是真空状态下，电磁力发生装置内的混合盐溶液在不同电压下及通电时间与电流的关系及产生气泡的时间。选择质量浓度为 10% 的硫酸铁与七水硫酸亚铁混合盐溶液。电压范围是 0.5～5.5V，实验时电压的间隔是 0.5V。

在实验进行过程中，首先对电磁力发生装置进行抽真空处理，充入混合盐溶液。然后选择电压，每隔 10s 记录电压与电流的对应关系，直至电流变化幅度较小时停止实验。然后不更换工质，对电磁力发生装置内的盐溶液进行振荡，将电磁力发生装置静置 2min。最后改变电压，继续重复上述的实验操作，直至完成实验。

4.2.2.1 电压及通电时间对电流的影响

1. 不同电压

图 4-13 为混合盐溶液电流随电压及通电时间的变化。可以得出，当实验过程中工质处于不更换固定浓度状态时的规律与工质处于更换固定浓度状态时的规律类似。区别最大的为工质电流曲线的波动程度。当工质处于更换固定浓度状态时，随着时间的变化，产生电化学反应时电流的波动较大，而当工质处于不更换固定浓度状态时，产生电化学反应时电流的波动较小。这是由于，当工质处于不更换固定浓度状态的时候，由于工质在 2.5V 下就会发生电化学反应，随着实验的进行，产生的不凝性气体浓度越来越高，导致管内部的压强越来越大。工质的振荡作用越强，其电流波动的可能性就越高。当空间内部压强较大时，气泡融合过程中对盐溶液的振荡作用减弱，故在使用不更换固定浓度工质时，电流的波动值较小。

图 4-14 为不同电压发生电化学反应的时间曲线。由图 4-14 可知，当使用不更换混合盐溶液进行实验，工质发生电化学反应的时间提前。在工质使用更换固定浓度状态、电压 2.5V 时，在 620s 时石墨侧壁产生气泡，在电压为 8V 时，1s 内产生气泡。但是当使用不更换固定浓度工质时，电压 2.5V 时，提前到 189s，并且电压为 5.5V 时，1s 内产生气泡。这是由于当使用的工质为不更换固定浓度工质时，随着反应的进行，产生的不凝性气体增多，此时溶液中的 Fe^{3+} 与 Fe^{2+} 的状态极不均匀，故电化学反应的时间提前。

2. 相同电压

为了验证通电混合盐溶液长期通电过程中，溶液中离子的浓度比例是否发生较大的变化，进行了相关实验。图 4-15 为不更换混合盐溶液中电流随电压及时间的变化，选择的电压为 2.5V，首先进行第一组实验，实验完毕后，关闭电压，静止溶液 5min，随后进行第二组实验。

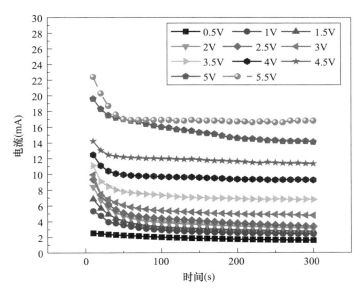

图 4-13　混合盐溶液电流随电压及通电时间的变化

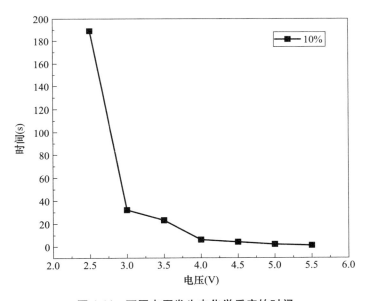

图 4-14　不同电压发生电化学反应的时间

通过图 4-15 可知，随着时间的增加，第一组的数值均稍大于第二组数值，但曲线的趋势及数值基本趋于一致，由此可得出第一组与第二组的离子浓度比例接近一致。这是由于在第一组实验的情况下，盐溶液内部的阴阳离子均匀地分布在溶液中。但是随着第一组实验的进行，使溶液中的浓度分布极不均匀，由于进行完第一组实验后，又对溶液进行振荡处理，故此时溶液中的离子逐渐趋于均匀，但是和刚开始的离子分布相比，还有所差别。

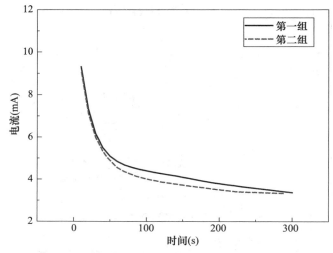

图 4-15　不更换混合盐溶液中电流随电压及时间的变化

4.2.2.2　电压在特定时间对电流的影响

图 4-16 为电压与电流的关系图。在每个电压工况下，记录通电时间为 5s 时的电流。通过图 4-16 可知，随着电压的增大，电流呈现出上升的趋势。在观测完一组固定电压工况下，对通电混合盐溶液进行了振荡及静置处理，这可大大减小溶液中二价亚铁离子及三价亚铁离子的不均匀性，溶液导电能力比较稳定，所以电压和电流接近线性相关关系。

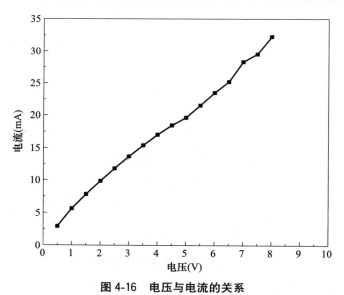

图 4-16　电压与电流的关系

4.2.2.3　振荡时间对电流的影响

1. 振荡时间 10s

图 4-17 为振荡间隔为 10s 时电流随电压及时间的变化。可以看出，在不同电压下，

电流均随时间的增加呈现出递减的趋势。其中电压越高，电流的变化幅度越大，电压越小，电流的变化幅度越小。在100s左右时，电流的变化直线下降，其中当电压为3V时，从17mA左右下降到3.5mA左右，变化幅度为13.5mA，其中当电压为0.5V时，从3.5mA左右下降到2.5mA左右，变化幅度为1mA。当时间大于100s时，各电压下电流的变化幅度较小，变化幅度为1mA左右，最后趋于一致。其中当电压大于等于2V时候，石墨侧壁上可观察到气泡的产生，此时发生了电化学反应。

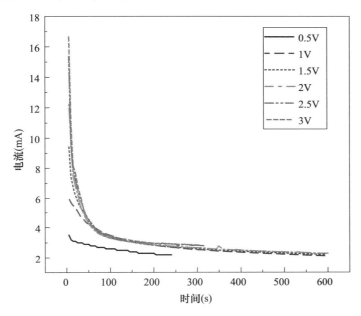

图 4-17　电流随电压及时间的变化（振荡间隔为 10s）

2. 振荡时间 60s

图 4-17 与图 4-18 两组实验使用的盐溶液是分别重新配置的。图 4-17 与图 4-18 相比，振荡时间较长，图 4-17 约为 10s，图 4-18 约为 60s。总体的变化规律，两个图较为相似。最大的区别在于，图 4-17 中随着时间的增加，不同电压下，电流差别很小，几乎趋于一致，图 4-18 中随着时间的增加，不同电压下，电流差值较大，最后趋于一个定值，定值的大小与电压正相关。在图 4-18 中，其中当电压大于等于 2.5V 时，石墨侧壁上可观察到气泡的产生，此时发生了电化学反应。这是由于随着振荡时间的增加，溶液中 Fe^{3+} 与 Fe^{2+} 的分布更为均匀。当振荡时间较短时，由于盐溶液不更换，随着电压的增大，溶液中 Fe^{3+} 与 Fe^{2+} 的不均匀度在每个工况均不相同，会逐渐增加，导致在高电压下，没有充足的离子发生反应，故在 2V 时开始产生电化学反应，电解反应会产生氢气与氧气的不凝性气体，不凝性气体的增加会使盐溶液的电阻越来越大，从而影响电流的大小。当振荡时间较长时，随着电压的增大，每一个实验工况下，溶液中 Fe^{3+} 与 Fe^{2+} 的不均匀度较小，在高电压下，有充足的离子来参与反应，故不同的电压下，电流最终趋于的定值不同，故在 2.5V 时才开始产生电化学反应，较振荡时间为 10s 时，电化学反应的反应时间延后。

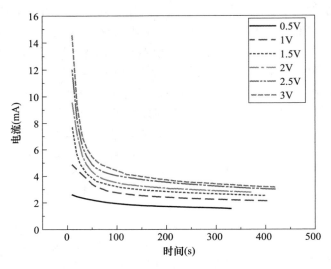

图 4-18 电流随电压及时间的变化（振荡间隔为 60s）

4.2.2.4 气泡大小对电流的影响

图 4-19 为气泡覆盖石墨长度的比例可视化图片。图 4-20 为电流随气泡覆盖石墨长度比例的变化。选择电压为 2.5 V，从图中可以看出，使用不更换混合盐溶液与使用更换固定浓度盐溶液变化规律一致，随着气泡占据石墨的比例越大，通电混合盐溶液的电流呈现下降的趋势。

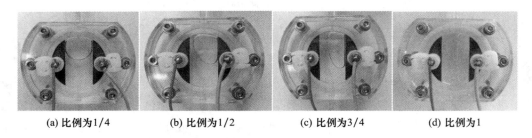

(a) 比例为1/4　　　　(b) 比例为1/2　　　　(c) 比例为3/4　　　　(d) 比例为1

图 4-19 气泡覆盖石墨长度的比例可视化图片

4.2.2.5 电压方向对电流的影响

图 4-21 为电流随电压方向的变化曲线。选择的电压为 2.5V。由图 4-21 可以看出，在反应刚开始阶段，电流随时间呈现递减趋势。在时间为 300s 时，改变通电电压的方向，此时电流方向也随之改变，这时电流数值呈直线上升的趋势，然后电流又逐渐减小。这是由于当电压的方向不变时，随着时间的增加，正负极附近所需的离子浓度降低，阴极 Fe^{3+} 得电子变为 Fe^{2+}，阳极 Fe^{2+} 失电子变为 Fe^{3+}，导致阴极附近 Fe^{3+} 浓度减小而 Fe^{2+} 浓度增大，导致阳极附近 Fe^{2+} 浓度减小而 Fe^{3+} 浓度增大，此时阴极 Fe^{3+} 没有足够的量参与快速反应。随着电压方向的改变，此时正负极对调，即阴极存在大量的 Fe^{3+} 离子，阳极存在大量的 Fe^{2+} 离子，此时有充足的离子参与反应，故此时电流值突然由小变大。

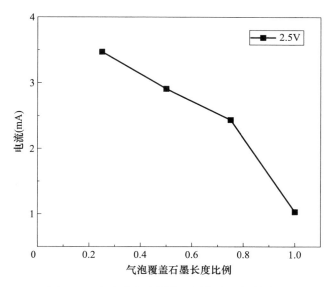

图 4-20　电流随气泡覆盖石墨长度比例的变化

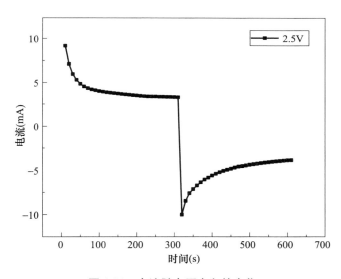

图 4-21　电流随电压方向的变化

4.2.2.6　工质流动对电流的影响

图 4-22 反映了工质流动对电流的影响。随着反应的进行，电流总体处于下降的趋势。当电压为 2.5V 时，在时间为 600s 电流数值接近稳定，此时的电流值为 3.16mA。此时对通电混合盐溶液进行摇晃，晃动的时保持大气泡与石墨壁面的接触面积不变，随着溶液的振荡，此时电流值快速上升，由 3.16mA 上升到接近初始值 10mA 左右。这是由于在未通电的情况下，溶液中的 Fe^{3+} 与 Fe^{2+} 离子处于均匀分布的状态。随着反应的进行，阴极 Fe^{3+} 得电子变为 Fe^{2+}，阳极 Fe^{2+} 失电子变为 Fe^{3+}，这时阴极 Fe^{3+} 离子数量减小，Fe^{2+} 离子数量增多，阳极 Fe^{2+} 离子数量减小，Fe^{3+} 离子数量增多。此时对溶

液进行振荡，可以实现 Fe^{3+} 与 Fe^{2+} 快速混合，溶液又重新恢复均匀状态，阴极 Fe^{3+} 离子增多，阳极 Fe^{2+} 离子增多，阴极具有充足的 Fe^{3+} 离子，阳极具有充足的 Fe^{2+} 离子，保证得失电子的反应快速进行，故随着溶液的振荡作用，电流由小变大。

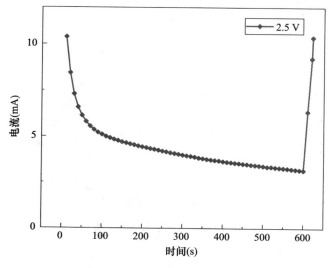

图 4-22　工质流动对电流的影响

4.3　本章小结 ⟫⟫⟫⟫

本章通过改变电压、混合盐溶液浓度、流道长度、通电时间等变量来实现对硫酸铁与七水硫酸亚铁混合盐溶液导电性能的研究。总结分析不同工况下，硫酸铁与七水硫酸亚铁混合盐溶液的导电性，结论如下：

1. 混合盐溶液的导电电流随电压、溶液浓度、两导电石墨接触面积的增大而增大，随流道长度增大而减小。

2. 随着时间的增加，当电压相同时，混合盐溶液的导电性能逐渐减弱。

3. 存在一个极限电压 2 V，小于此极限电压时，混合盐溶液在保持通电状态下，导电过程中溶液组分构成不发生变化，大于此极限电压时，导电过程中溶液组分构成发生变化。在脉动热管运行过程中，对运行工质施加极限电压 2 V。

4. 混合盐溶液的振荡时间对其导电性能有影响，随着振荡时间的增加，电流呈现出增长的趋势且均匀性更好。

5. 盐溶液在通电过程中，对其进行晃动，其电流呈现增大的趋势。不更换混合盐溶液的性质和更换混合盐溶液的性质相似。

6. 混合盐溶液导电特性的提升有利于增强工质的流动和传热性能。

5 混合盐溶液脉动热管运行性能分析

5.1 脉动热管竖向通道放置电磁力发生装置的运行性能 »»»

本节研究了当硫酸铁和无水硫酸亚铁的比例为 1：1 时，以质量浓度为 10％ 的混合盐溶液为工质的脉动热管，在不同加热功率、不同充液率和电磁力下，脉动热管的运行性能。选择应用试件 1 和试件 2 电磁力发生装置，其放置位置在脉动热管竖向通道上。

▶ 5.1.1 应用试件 1 的脉动热管运行性能

图 5-1 和图 5-2 显示的是应用试件 1 的脉动热管壁面温度运行曲线。当加热功率为 10W 时，脉动热管的温度曲线没有产生规律的脉动。加热功率为 20W 时，蒸发端温度急剧上升，后急剧下降，运行时间大约 3500s 时，蒸发端产生稳定脉动，温度曲线波动幅度较大，t_1 的温度大于 t_2 的温度，此时冷凝端的温度突然升高，由 17.5℃ 上升到 19.5℃ 左右，随后冷凝端温度降低。当运行时间大约为 4200 s 时，t_2 的温度急剧上升，t_1 的温度急剧下降，t_2 的温度大于 t_1 的温度，此时冷凝端温度随着时间的增加逐渐升高。

在脉动热管实验过程中可观察到，充液结束时，电磁力发生装置内部，仅底部有少许工质。随着加热功率的增加，电磁力发生装置内工质液面有振动，有气泡从脉动热管加热端运行至电磁力发生装置中，并从液面逸出后进入"气空间"，此时"气空间"内的液体进入到脉动热管下部管道。在脉动热管运行期间，工质并未通过电磁力发生装置形成一个循环的脉动过程，但是通过脉动曲线可以看出，此时脉动热管产生了一个局部脉动。

当加热功率为 10W 时，产生的驱动力远小于工质的运行阻力。随着加热功率的增加，驱动力逐渐增大，驱动力克服流动阻力推动工质开始运行，所以当加热功率为 20W 时，温度会有一个突然的下降。脉动热管刚开始运行阶段，t_1 的温度大于 t_2 的温度，可以判断此时脉动热管内部工质按顺时针方向流动，驱动力有推动工质向电磁力发生装置运动的趋势，由于加热功率较小，驱动力不足以克服阻力，导致工质产生逆时针方向的流动，故此时 t_2 的温度急剧上升，t_1 的温度有所下降。

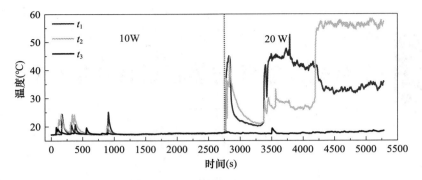

图 5-1 应用试件 1 的脉动热管壁面温度运行曲线

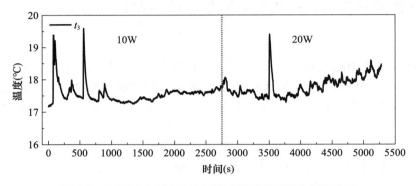

图 5-2 应用试件 1 的脉动热管冷凝端壁面温度运行曲线

▶▶ 5.1.2 应用试件 2 的脉动热管运行性能

5.1.2.1 充液率的影响

1. 充液率为 50%

图 5-3 与图 5-4 显示的是充液率为 50% 时脉动热管壁面温度运行曲线。从图 5-3、图 5-4 中可以得到，当加热功率为 10W 时，在 0～900s 过程中，脉动热管蒸发端温度 t_1 由 12℃升高到 36℃左右，t_2 的升高温度较小，由 12℃直接升高到 20℃。随着时间的增加，t_1 的温度急剧下降，t_2 的温度缓慢上升，然后两者出现一段规律的脉动。随着加热功率由 10W 增加到 20W，温度 t_1 上升，温度 t_2 相较于温度 t_1，上升幅度较小。加热功率增加到 30W 以上，脉动热管的温度呈现出规律的脉动状态。在低加热功率下，驱动力较小，故脉动热管运行相对较差。随着加热功率的增大，脉动热管内由加热功率产生的驱动力逐渐增大，可推动脉动热管内部工质快速运动，使脉动热管具有较好的传热性能。脉动热管运行过程中，工质没能通过电磁力发生装置形成循环流动。

当充液率为 50% 时，充液完成后，电磁力发生装置内部仅底部有少许工质。脉动热管内的工质一直未形成循环的脉动过程，可能是由于充液率低对运行有一定的影响。

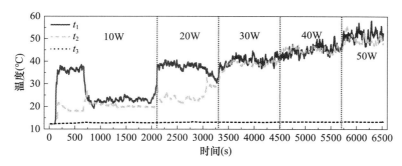

图 5-3　充液率为 50％时脉动热管壁面温度运行曲线

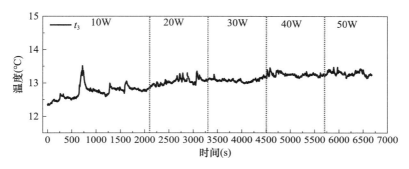

图 5-4　充液率为 50％时脉动热管冷凝端壁面温度运行曲线

2. 充液率为 80％

图 5-5 和图 5-6 显示的是充液率为 80％时脉动热管壁面温度运行曲线。由脉动温度运行曲线可以看出，脉动热管在加热功率为 10 W 时，在运行时间为 1000 s 之前，温度脉动情况和充液率为 50％时相似，在 1000 s 之后脉动热管出现稳定的脉动。随着加热功率的增加，蒸发端和冷凝端的温度逐渐升高。根据可视化实验观测到工质也未通过电磁力发生装置形成循环流动。在充液率为 80％的情况下，脉动热管内部的工质增多，存在于电磁力发生装置中的工质量相对增加，虽然有利于脉动热管的运行，但加热功率产生的驱动力依然无法克服阻力形成循环流动。脉动热管的运行与开式脉动热管的运行过程接近，能够形成稳定脉动。

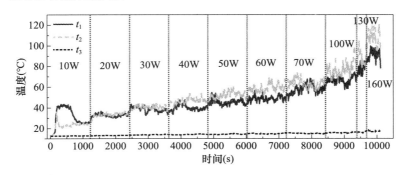

图 5-5　充液率为 80％时脉动热管壁面温度运行曲线

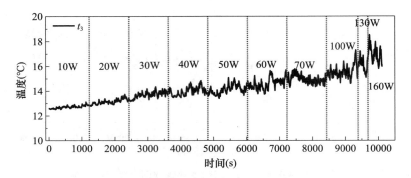

图 5-6　充液率为 80% 时脉动热管冷凝端壁面温度运行曲线

5.1.2.2　电磁力的影响

选择充液率为 80%，加热功率为 130W、150W、175W，电磁力发生装置的输入电压为 1.5V，这时脉动热管内部相当于施加一定的固定力，从而探究电磁力对脉动热管运行性能的影响。

图 5-7 显示的是加热功率为 130W 时磁场作用下脉动热管壁面温度运行曲线。由图 5-7 可知在脉动热管刚开始加热时，脉动热管的壁面温度呈现直线上升的趋势。在运行时间为 500s 之前，t_2 的温度较 t_1 的温度上升幅度大，两者之间的温差较大。在运行时间 500~1100s，t_2 的温度与 t_1 的温度接近，两者之间的温差较小，形成稳定的脉动。在运行时间为 1100s 时，两个点的温度急剧下降，后 t_2 的温度又急剧上升，此后两者温度在相差较大的情况下脉动。在运行时间为 1800s 时，电磁力发生装置施加电压，电压值为 1.5V，在运行时间为 2250s 时，t_1 的温度上升至与 t_2 相近，然后开始稳定地脉动。在实验过程中可观察到，脉动热管内部的工质未通过电磁力发生装置形成循环流动。在此加热功率下，电磁力对脉动热管的运行性未能产生明显影响。

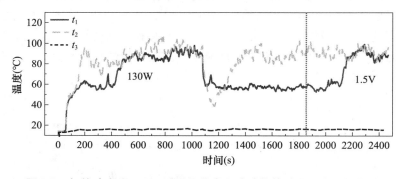

图 5-7　加热功率为 130W 时磁场作用下脉动热管壁面温度运行曲线

图 5-8 和图 5-9 显示的是加热功率为 150W 时磁场作用下脉动热管壁面温度运行曲线。在脉动热管刚开始加热时，脉动热管的壁面温度呈现直线上升的趋势。最终 t_2 的温度维持在 110℃左右，t_1 的温度维持在 50℃左右，两者在此温度形成稳定的脉动。当运行时间大约为 1450s 时，对电磁力发生装置内部施加电压。电磁力并未对脉动热管的运行起到明显促进作用，由于电磁力过于小，不足以表现出标志性的规律。

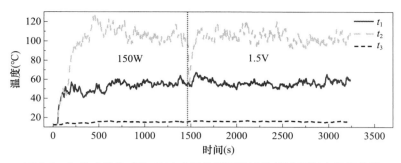

图 5-8 　加热功率为 150 W 时磁场作用下脉动热管壁面温度运行曲线

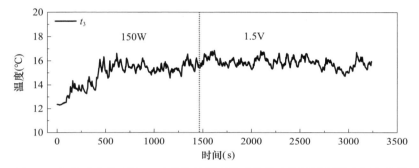

图 5-9 　加热功率为 150 W 时磁场作用下脉动热管冷凝端壁面温度运行曲线

图 5-10 和图 5-11 显示的是加热功率为 175W 时磁场作用下脉动热管壁面温度运行曲线。由图 5-10、图 5-11 可知，加热功率为 175W 时相较于加热功率为 130W 或者 150W 时温度脉动曲线波动范围更小。

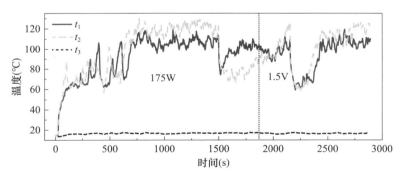

图 5-10 　加热功率为 175W 时磁场作用下脉动热管壁面温度运行曲线

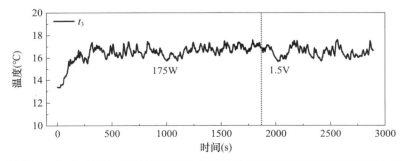

图 5-11 　加热功率为 175W 时磁场作用下脉动热管冷凝端壁面温度运行曲线

电磁力发生装置放置于脉动热管竖向通道时，在实验工况下，脉动热管内部的工质没有通过电磁力施加装置产生循环流动。考虑到电磁力发生装置处于竖直放置时，工质存在于电磁力发生装置中的量较少，并且工质不能在电磁发生装置中形成均匀的气液塞分布，脉动热管运行过程中，发生装置中的工质重力在工质流动过程中容易产生阻力，因此调整电磁力发生装置的位置，避免由于工质重力作用而产生的阻力。

5.2 无磁场作用下脉动热管运行性能 》》》》

本节研究了当充液率为 80％时，以质量浓度为 10％的混合盐溶液为工质的脉动热管，在不同加热丝长度及加热功率下脉动热管的运行性能。选择应用试件 3 电磁力发生装置，将其放置于脉动热管横向通道上。

▶▶ 5.2.1 电加热丝长度为 200mm 时的运行性能

如图 5-12 所示，为工质在电磁力发生装置的运动状态。在脉动热管运行阶段，工质由冷却端经过隔热端流入电磁力发生装置内部，包括气泡与液塞两种形式。由于脉动热管与电磁力发生装置内部宽度相差较大，故流入脉动热管内的气泡直径比电磁力发生装置内部空间的宽度小，一部分小气泡由于振荡的作用相互融合在一起形成一个大气泡，一部分小气泡绕过大气泡直接流出电磁力发生装置腔内。从电磁力发生装置流出的工质为小气泡与液体并存的方式，偶尔伴随气塞。脉动热管内工质按顺时针方向流动。脉动热管工质的运行方向偶尔会逆时针流动。当出现逆时针流动时，电磁力发生装置空间内的大气泡及液体等，流入脉动热管内部，这时空间内的气泡结构形式被打散，大气泡被打散为很多小气泡，然后当工质由逆时针变为顺时针时，气泡又会聚集形成大气泡，重复以前的过程。

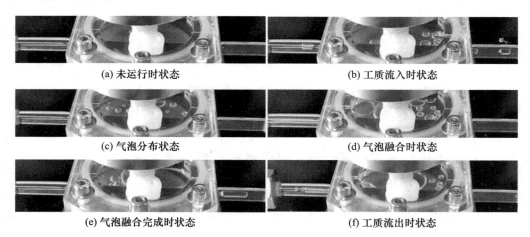

(a) 未运行时状态 　　(b) 工质流入时状态

(c) 气泡分布状态 　　(d) 气泡融合时状态

(e) 气泡融合完成时状态 　　(f) 工质流出时状态

图 5-12　工质在电磁力发生装置的运动状态

如图 5-13～图 5-15 所示，当电加热丝的长度为 200mm，加热功率分别为 63W、93W、110W、135W 时脉动热管壁面温度运行曲线。如图 4-16 所示，为传热热阻随加热功率变化。

如图 5-13 所示，当加热功率为 63W 时，脉动热管未成功启动。加热功率增加到 93W 时，脉动热管也未立即启动，大约 280s 时，可观察到电磁力发生装置内部的液体开始左右振荡，t_2 的温度急剧减小，t_1 的温度急剧减升高，随后又降低，运行时间为 350s 时，可观察到脉动热管内部的工质开始稳定地运动，此时 t_1 的温度维持在 60℃有规律地脉动，t_2 的温度稳定在 37℃有规律地脉动，冷凝端的温度维持在 18℃有规律地脉动。

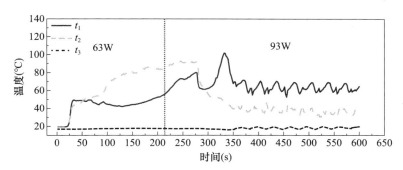

图 5-13 加热功率为 63W、93W 时脉动热管壁面温度运行曲线

如图 5-14 所示，为加热功率为 110W 时，提供的热量较高，在稳定运行阶段，相较于加热功率为 93W 时，温度波动幅度较小，温度 t_1 维持在 55℃有规律地脉动，温度 t_2 稳定在 35℃有规律地脉动，冷凝端的温度维持在 18℃有规律地脉动。从 93W 增加到 110W 时，输入功率增加，壁面温度降低，这是由于温度较高，工质运行的速度较快，带走的温度较多，故在高加热功率下传热性能大大增加。

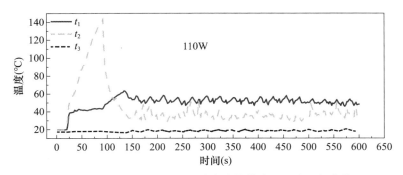

图 5-14 加热功率为 110W 时脉动热管壁面温度运行曲线

如图 5-15 所示，当加热功率为 135W 时，脉动热管内部工质运动速度较快，此时脉动热管壁面温度波动幅度较小，脉动热管具有良好的运行性能。

如图 5-16 所示，为电加热丝长度为 200mm 时，传热热阻随加热功率变化。随着加热功率增加，脉动热管的传热热阻呈下降的趋势。

在低加热功率下，脉动热管不能正常启动。随着加热功率增加，脉动热管正常启动，脉动热管内部驱动力增大，此时驱动力克服阻力推动工质形成快速的循环流动，壁面温度波动幅度降低，热阻减小，此时脉动热管具有良好的传热性能。

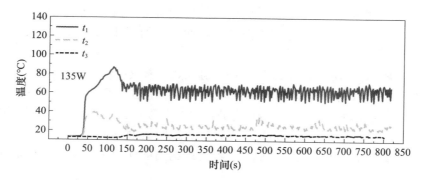

图 5-15 加热功率为 135W 时脉动热管壁面温度运行曲线

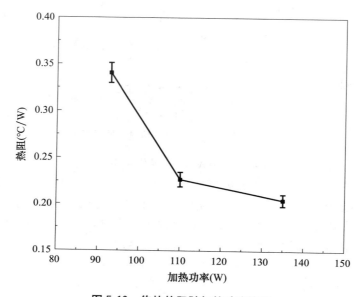

图 5-16 传热热阻随加热功率变化

▶▶ 5.2.2 电加热丝长度为 250mm 时的运行性能

如图 5-17～图 5-19 所示,为电加热丝的长度为 250mm,加热功率分别为 70W、115W、133W 时脉动热管壁面温度运行曲线。如图 5-20 所示,为传热热阻随加热功率变化曲线。

如图 5-17 所示,当加热功率为 70W 时可以看出,工质运行速度很慢,其间伴随多次反向流动。通过脉动曲线可以得到,蒸发端温度波动幅度很大,t_2 的温度变化范围大约 40℃,频繁出现 t_2 的温度和 t_1 的温度交叉的情况。这是由于当加热功率为 70W 时,其内部产生的驱动力较小,加热功率产生的推动力不足以使工质产生连续的快速运动,常常伴随着较频繁的反向运动甚至停滞。脉动热管在能量积蓄一段时间后,驱动力方可推动工质产生运动,当能量积蓄不足时,脉动热管不能正常运动,故此时蒸发端及冷凝端的温度波动较大。

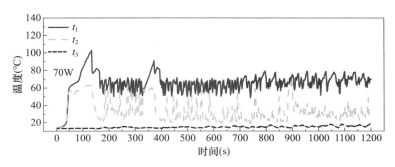

图 5-17　加热功率为 70W 时脉动热管壁面温度运行曲线

如图 5-18 所示，当加热功率为 115W 时，工质运行速度较快，反向运动及停滞情况大大减少，具有良好的运行性能。脉动热管蒸发端的温度波动幅度较加热功率为 70W 时明显减小，仅在运行时间为 600～630s 时，脉动热管内部的工质出现停滞情况，此时蒸发端温度均飙升。这说明当加热功率为 115W 时，其产生的驱动力还不足以使工质产生持续稳定的流动。

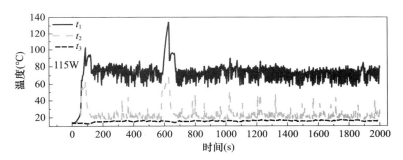

图 5-18　加热功率为 115W 时脉动热管壁面温度运行曲线

如图 5-19 所示，当加热功率为 133W 时，工质运行速度很快，未观察到工质的停滞，具有良好的运行性能。脉动热管的温度波动曲线幅度较小，未出现温度突然升高和突然降低的情况。当加热功率较高时具有充足的动力，驱动力克服阻力推动工质形成持续的快速运动。与加热功率为 115W 时相比，随着加热功率增加，壁面温度并没有升高。这是由于加热功率较大时，驱动力较大，工质在驱动力的推动下可形成快速、稳定的循环流动，工质带走更多的热量，此时热量交换得到增强，所以此时蒸发端温度未出现明显上升。

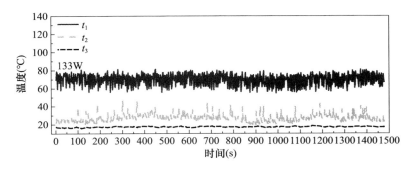

图 5-19　加热功率为 133W 时脉动热管壁面温度运行曲线

如图 5-20 所示，为电加热丝长度为 250mm 时，传热热阻随加热功率的变化。随着加热功率增加，脉动热管的传热热阻呈现下降的趋势。

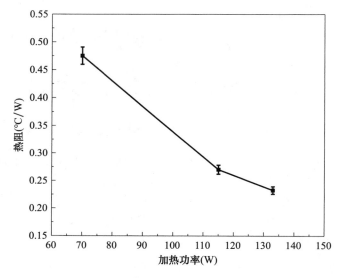

图 5-20　传热热阻随加热功率变化

在低加热功率下，脉动热管壁面温度波动幅度很大，频繁出现 t_2 的温度和 t_1 的温度交叉的情况。随着加热功率增加，脉动热管内部驱动力增大，此时驱动力克服阻力推动工质形成快速的循环流动，壁面温度波动幅度降低，热阻减小，此时脉动热管具有良好的传热性能。

▶▶ 5.2.3　电加热丝长度为 330mm 时的运行性能

图 5-21～图 5-24 所示为电加热丝的长度为 330mm，加热功率分别为 26W、37W、48W、60W 时脉动热管壁面温度运行曲线。图 5-25 所示为传热热阻随加热功率变化曲线。

图 5-21 所示为加热功率为 26W 时脉动热管壁面温度运行曲线。当加热功率为 26W 时，在 350s 前，脉动热管蒸发端的温度波动范围大，温度变化范围在 30℃左右。在 350s 后，脉动热管蒸发端形成有规律的脉动，温度变化范围在 10℃左右。由于加热功率为 26W 时，热管内部产生的驱动力较小，脉动热管蒸发端需要积累足够的热量才可以使驱动力克服阻力推动工质形成循环流动。但是热量积累需要时间，不能瞬时完成，所以当热量积累不足时，这时脉动热管产生长时间的停滞及反向运动，故脉动热管蒸发端的温度波动幅度较大。

图 5-22 所示为加热功率为 37W 时脉动热管壁面温度运行曲线。当加热功率为 37W 时，在 120s 前，脉动热管蒸发端的温度波动范围大，温度变化范围在 25℃左右。在 120s 后，脉动热管蒸发端形成有规律的脉动，温度变化范围在 10℃左右。与加热功率为 26W 时相比，脉动热管可以循环运行的时间提前。这是由于加热功率为 37W 时，对于脉动热管的加热端而言，热量输入还较小，需要一定的热量积累才开始使脉动热管内

的工质克服阻力而稳定地运行。由于 37W 较 26W 输入功率较大，脉动热管在较短的时间内可以积累较多的能量，使产生的驱动力足以克服阻力，故工质稳定运动的时间提前。

图 5-23 所示为加热功率为 48W 时脉动热管壁面温度运行曲线。图 4-24 所示为加热功率为 60W 时脉动热管壁面温度运行曲线。当加热功率为 48W 时，脉动热管的运行温度曲线十分稳定。蒸发端和冷凝端的温度进行小幅度的脉动，工质运行的速度较快，具有良好的运行性能。当加热功率为 60W 时，较加热功率为 48W 时，蒸发端和冷凝端的温度脉动幅度更小，工质运行的速度更快。

图 5-25 所示为电加热丝长度为 330mm 时传热热阻随加热功率的变化。随着加热功率增加，脉动热管的传热热阻呈现下降的趋势。

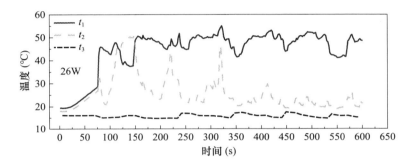

图 5-21　加热功率为 26W 时脉动热管壁面温度运行曲线

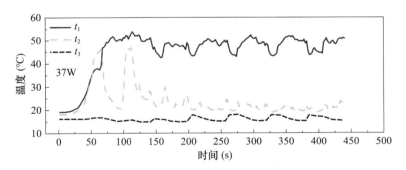

图 5-22　加热功率为 37W 时脉动热管壁面温度运行曲线

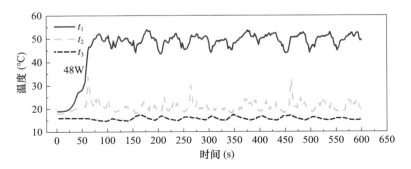

图 5-23　加热功率为 48W 时脉动热管壁面温度运行曲线

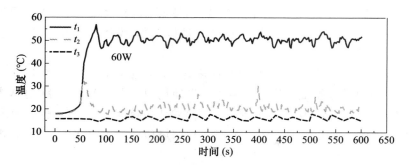

图 5-24　加热功率为 60W 时脉动热管壁面温度运行曲线

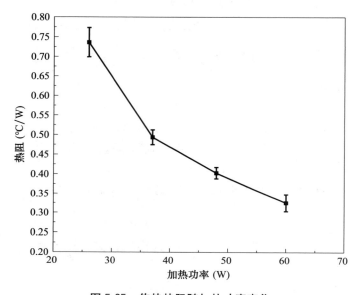

图 5-25　传热热阻随加热功率变化

　　在低加热功率下，脉动热管壁面温度波动幅度很大，出现 t_2 的温度和 t_1 的温度交叉的情况。随着加热功率增加，脉动热管内部工质的运行加快，壁面温度波动幅度降低，热阻减小。这是由于随着加热功率的增加，脉动热管内部驱动力增大，此时驱动力可克服阻力推动工质产生快速的、稳定的、持续的运动。在脉动热管内部气、液塞分布均匀，驱动力和阻力处于一个平衡状态，工质在蒸发端和冷凝端快速汽化和冷凝，这时热量实现快速的交换，此时脉动热管具有良好的传热性能。

　　以上对三种缠绕长度不同的电加热丝的脉动热管的运行特性进行研究。电加热丝的长度分别为 200mm、250mm 和 330mm。可以看出电加热丝的长度对脉动热管的运行性能影响很大。当电加热丝长度为 330mm 时，脉动热管在加热功率较低时可形成稳定的脉动。当电加热丝长度为 200mm 或 250mm 时，脉动热管在加热功率较低时不能启动，随着加热功率的增加，脉动热管方可正常启动。当电加热丝较短时，脉动热管加热端被加热的工质较少，较少的汽化工质产生的压力较小，此时脉动热管蒸发端和冷凝端的压差较小，故不能顺利启动。电加热丝较长时，脉动热管加热端被加热的工质较多，较多的汽化工质产生的压力较大，此时脉动热管蒸发端和冷凝端的压差较大，驱动力较大，故能顺利启动。

在低加热功率下，脉动热管壁面温度波动幅度很大，热阻较大。随着加热功率增加，脉动热管内工质的运行速度加快，壁面温度波动幅度降低，热阻减小。这是由于随着加热功率的增加，脉动热管内部驱动力增大，此时驱动力可克服阻力推动工质快速地、稳定地、持续地运动。在脉动热管内部气、液塞分布均匀，驱动力和阻力处于一个平衡状态，工质在蒸发端和冷凝端快速汽化和冷凝，这时热量实现快速的交换，此时脉动热管具有良好的传热性能。

5.3 磁场作用下脉动热管运行性能 ▶▶▶

脉动热管在运行过程中，工质总体按照顺时针方向流动。电磁力发生装置的通电电压为正时，添加电磁力的方向与工质流向一致，为正向电磁力。电磁力发生装置的通电电压为负时，添加电磁力的方向与工质流向相反，为反向电磁力。

图 5-26 为电加热丝的长度为 200mm 时不同加热功率下脉动热管壁面温度的运行曲线。由图 5-26（a）可知，当加热功率为 135W 时，脉动热管添加正向电磁力，温度波动曲线无明显变化。由图 5-26（b）可知，当加热功率为 139W 时，在脉动热管添加反向电磁力的瞬间，壁面温度曲线波动幅度稍微增加，后又恢复正常。

图 5-27 为电加热丝的长度为 250mm 时不同加热功率下脉动热管壁面温度的运行曲线。由图 5-27 可知，在加热功率较低时，如 133W 时，添加正向电磁力，脉动热管内部出现了长时间的停滞，此时蒸发端的温度急剧增高，冷凝端温度停止脉动。随着加热功率的增加，添加电磁力对脉动热管传热性能几乎没有效果。

图 5-28 为电加热丝的长度为 330mm 时不同加热功率下脉动热管壁面温度的运行曲线。在加热功率为 17W 时，仅在通电时间为 340s、1500s、2400s 时，添加和去除电磁力的瞬间，可观察到蒸发端的温度脉动幅度较大。在加热功率为 22W 时，未添加电磁力前，蒸发端和冷凝端的壁面温度曲线波动幅度很大，添加电磁力后，蒸发端和冷凝端的壁面温度曲线波动幅度稍有减小。在加热功率为 55W 时，添加电磁力，对工质的流动速度及其运行性能几乎没有影响。

对电磁力发生装置来说，其提供的电磁力过小，不足以在脉动热管运行中表现出标志性的规律性。这主要有两个原因：一方面是由于脉动热管内部力的分布极其复杂，添加电磁力的瞬间，脉动热管内部的力的平衡被打破，但是由于添加电磁力过小，脉动热管内部力的分布又重新恢复平衡状态；另一方面是因为脉动热管内部的工质并非一直单向的顺时针运动，在较低的加热功率下，由于驱动力较小，常伴随着较频繁的振荡及反向运动，当工质为顺时针流动时，电磁力为推力，但当工质处于反向运动时，此时电磁力为阻力。由于脉动热管内部工质的流动方向具有随机性，不能够定性地判断，而电磁力的作用效果与运动方向密切相关，故施加电磁力对脉动热管的运行性能影响不强，具体要根据此时工质的流动状态和脉动热管内部力的结构综合判断。当加热功率较高时，电磁力远远小于脉动热管原有驱动力，故电磁力的变化对脉动热管的运行性能影响不大。

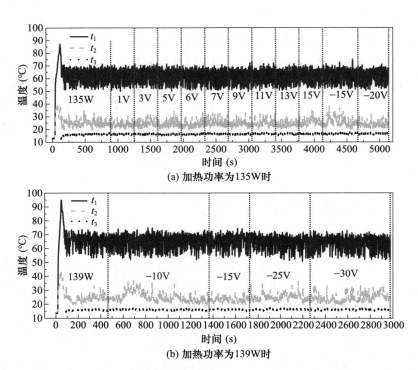

(a) 加热功率为135W时

(b) 加热功率为139W时

图 5-26　加热丝长度为 200mm 时脉动热管壁面温度运行曲线

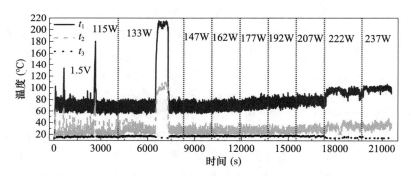

图 5-27　加热丝长度为 250mm 时脉动热管壁面温度运行曲线

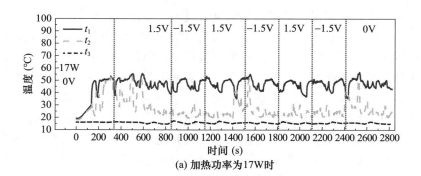

(a) 加热功率为17W时

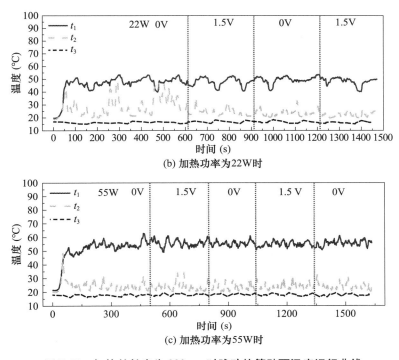

(b) 加热功率为22W时

(c) 加热功率为55W时

图 5-28　加热丝长度为 330mm 时脉动热管壁面温度运行曲线

5.4　脉动热管运行时电流的变化 ▶▶▶▶

图 5-29 为电压为 1.5V 时电磁力发生装置内部工质变化可视化图片。图 5-30 为电压为 1.5V 时电磁力发生装置内部电流变化。电磁力发生装置安装在脉动热管系统中，通过调节输入电压的大小及方向可实现对脉动热管内部电磁力的调控。对电磁力发生装置内置石墨施加持续稳定的电压，选择输入的电压数值为 1.5V。

在通电时间为 290s 时，如图 5-29（a）所示，工质几乎充满整个电磁力发生装置内部，电流值很大，大约 11mA。由于脉动热管内部运行工质的流动作用，随着时间增加到 305s，如图 5-29（b）所示，大量运行工质从电磁力发生装置内部流到脉动热管内部，此时电磁力发生装置内部工质大大减少，气泡增多，电流值直线下降，大约为 2.5mA。在通电时间为 320s 时，大量运行工质从脉动热管进入到电磁力发生装置内部，此时电流值出现快速增长。随着时间的增加，呈现出的规律性一致。这是由于电磁力发生装置内部的通电电流受工质体积、气泡大小及分布等的影响较大。脉动热管在运行过程中，工质循环流动，电磁力发生装置内部的工质一直处于变化的状态。当电磁力发生装置内部溶液较多时，可定向移动的离子较多，此时电流较大。当电磁力发生装置内部溶液较少时，此时气泡较多，溶液中可定向移动的离子减少，电流值较小。

(a)时间为290 s时　　　　(b) 时间为305s时　　　　(c) 时间为320s时

(d) 时间为340s时　　　　(e) 时间为360 s时　　　　(f)时间为390s时

图5-29　电压为1.5V时电磁力发生装置内部工质变化可视化图片

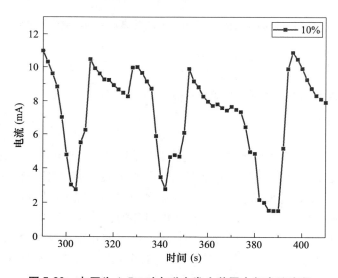

图5-30　电压为1.5V时电磁力发生装置内部电流变化

5.5　基于混合盐溶液的电磁力探索 》》》》

在脉动热管运行实验中，安装电磁力发生装置，对改善脉动热管的运行及传热性能产生的效果并不明显。其原因是电磁力发生的装置内部产生的电磁力较小，对工质运行的促进作用不明显。通过分析电磁力发生装置内部的通电混合盐溶液发生电化学反应时液相工质及气泡的运动,以分析电磁力。

▶▶ 5.5.1 无磁场作用下电磁力发生装置内部盐溶液的状态

图 5-31 为电磁力发生装置放置方式实物图。盐溶液导电的本质原理是:盐溶液中有可以自由移动的阴阳离子,未添加电场的情况下,阴阳离子处于均匀分布的状态。添加电场的情况下,阴阳离子会发生定向的移动,此时离子可以起到传递电子的作用,故溶液具有导电的性能。

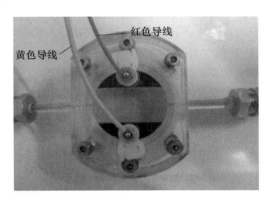

图 5-31 电磁力发生装置放置方式实物图

电磁力发生装置上有两根颜色不同的外接导线,分别为黄色和红色。外接导线与电磁力发生装置内石墨电极连接,直流电源为电磁力发生装置的电力输入设备。在实验过程中,电磁力发生装置的输入电压为 30V。当黄色导线接入直流电源正极,红色导线接入直流电源负极,此时产生的电压方向为正向。当红色导线接入直流电源正极,黄色导线接入直流电源负极,此时产生的电压方向为反向。对电磁力发生装置内置石墨施加电压,位于两个石墨电极中间的混合盐溶液由于具有良好的导线性能,成为连接两个石墨电极之间的"导线",此时整个电路为通路状态。

图 5-32 为通电时间为 10s、20s、30s 时,无磁场作用下添加正向电压时的气泡状态。如图 5-32(a)所示,由于添加的电压较大,在盐溶液通电的瞬间,溶液就发生了电化学反应,此时石墨的侧壁上产生了很多小气泡。随着实验的进行,可观测到石墨侧壁面源源不断地生成大量气泡,气泡数量急剧增加,新产生的气泡将原有气泡推挤至对侧。

在通电 10s 时,可明显观测到两个石墨正负极产生的气体量不一致,位于下侧石墨壁面产生的气体量较多,接近位于上侧石墨壁面气体量的 2 倍。通过水的电解方程式 $2H_2O \xrightarrow{\quad\quad} 2H_2 \uparrow + O_2 \uparrow$ 可知,水在电解过程中产生一份氧气的同时,会产生两份氢气。由此可以判断发生了电解水反应,下侧石墨周围的小气泡气体为 H_2,上侧石墨周围的小气泡气体为 O_2。如图 5-32(b)和 5-32(c)所示,随着气泡的急剧增加,电磁力发生装置内部的小气泡融合形成较大的气泡。

通电盐溶液产生快速电化学反应的原因是,当电压较大时,需要溶液中正负电荷的快速迁移。在混合铁盐与亚铁盐溶液中,$Fe_2(SO_4)_3$ 电离出 Fe^{3+} 与 SO_4^{2-} 两种离子,

(a) 时间为10s时　　　　　(b) 时间为20s时　　　　　(c) 时间为30s时

图 5-32　无磁场作用下添加正向电压时气泡状态

$FeSO_4$ 电离出 Fe^{2+} 与 SO_4^{2-} 两种离子，H_2O 电离出 H^+ 与 OH^- 两种离子，此时混合盐溶液中有 Fe^{3+}、Fe^{2+}、SO_4^{2-}、H^+、OH^- 五种离子，五种离子均匀地分布在脉动热管中。由于氧化性 $Fe^{3+}>H^+>Fe^{2+}$，还原性 $Fe^{2+}>OH^->Fe^{3+}$，在盐溶液刚开始电解阶段，阴极 Fe^{3+} 得电子变为 Fe^{2+}，阳极 Fe^{2+} 失电子变为 Fe^{3+}，在脉动热管内工质的振荡和离子扩散作用下，Fe^{2+} 与 Fe^{3+} 在阴极和阳极趋向于均匀分布。在低电压下，电化学反应较缓慢，离子趋向均匀化的速度大于电解速度，这时溶液中 Fe^{2+} 与 Fe^{3+} 离子大体处于均匀分布状态，溶液导电维持平衡状态。但在高电压下，反应剧烈，脉动热管内工质的振荡和离子扩散作用不能及时使溶液中的 Fe^{2+} 与 Fe^{3+} 维持均匀分布，离子趋向均匀化的速度小于电解速度，这时溶液导电平衡状态被打破，阴极缺少 Fe^{3+}，阳极缺少 Fe^{2+}，导致 H^+、OH^- 开始参与电化学反应，产生大量的氧气与氢气。

图 5-33 为通电时间为 40s、50s、60s 时，无磁场作用下添加反向电压时的气泡状态。在通电时间为 32s 时，关闭电压的输入，通过可视化实验可以看出，壁面停止产生新的小气泡，小气泡相互融合成大气泡。当时间为 40s 时，重新对电磁力发生装置施加电压，施加的电压方向为反向。刚开始通电时，通电时间为 43s 之前，石墨壁面上产生的气泡速度较慢，随着时间的增加，产生气泡的速度变快。石墨侧壁面源源不断地生成大量气泡，气泡数量急剧增加，新产生的气泡将原有气泡推挤至对侧。

(a) 时间为40s时　　　　　(b) 时间为50s时　　　　　(c) 时间为60s时

图 5-33　无磁场作用下添加反向电压时气泡状态

在通电时间为 30s 之前，通电混合盐溶液被施加正向的电压，这就导致阴极：$Fe^{3+}+e^-\!=\!=\!Fe^{2+}$，阳极：$Fe^{2+}-e^-\!=\!=\!Fe^{3+}$。在通电时间为 40s 时，改变电压方向，施加反向电压，此时较施加正向电压时相比，阳极、阴极互换。此时的阳极聚集大量 Fe^{2+}，阴极聚集大量 Fe^{3+}，刚开始添加反向电压时，由于阴阳极周围聚集了大量的所需离子，所以这一阶段是 Fe^{2+} 与 Fe^{3+} 的反应占据主导地位，所以观测到产生气泡的速度较慢。但是随着反应的进行，阳极 Fe^{2+} 离子量急剧减少，阴极 Fe^{3+} 离子量急剧减少，开始进行水的电解反应，此时水的电解反应占据主导地位，产生大量的气泡。

▶▶ 5.5.2 磁场作用下电磁力发生装置内部盐溶液的流动

图 5-34 为电磁力发生装置在磁场中放置方式实物图。磁场发生装置上部分为 N 极，下部分为 S 极，N 极和 S 极之间留有高度为 35mm 的缝隙。N 极和 S 极之间产生垂直于地面方向的匀强磁场，磁场约为 2500GS。充满盐溶液的电磁力发生装置，平行于地面放置于匀强磁场中。电磁力发生装置上有两根颜色不同的外接导线，分别为黄色和红色。外接导线与电磁力发生装置内石墨电极连接。直流电源为电磁力发生装置的电力输入设备。在实验过程中，电磁力发生装置的输入电压为 30V。当黄色导线接入直流电源正极，红色导线接入直流电源负极，此时产生的电压方向为正向。当红色导线接入直流电源正极，黄色导线接入直流电源负极，此时产生的电压方向为反向。对电磁力发生装置添加正向电压，根据左手定则，混合盐溶液产生方向向左的电磁力。对电磁力发生装置添加反向电压，根据左手定则，混合盐溶液产生方向向右的电磁力。

黄色导线

红色导线

图 5-34　电磁力发生装置在磁场中放置方式实物图

图 5-35 为通电时间为 10s、20s、30s 时，磁场作用下添加正向电压时的气泡运动情况。通过可视化实验可以看到，气泡的生长情况和无添加磁场时一致，但在磁场力作用下，气泡及工质在磁场力的作用方向存在运动。

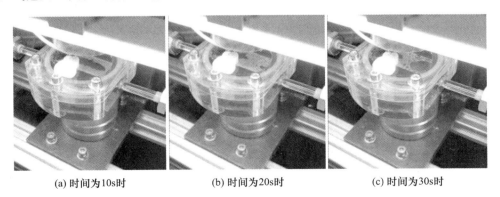

(a) 时间为10s时　　　　　(b) 时间为20s时　　　　　(c) 时间为30s时

图 5-35　磁场作用下添加正向电压时气泡运动情况

　　随着电化学反应的持续进行，电磁力发生装置内的盐溶液首先从左侧管道流出，而此时气泡运动方向与盐溶液运动方向相反，气泡快速地向右侧运动（平行于石墨壁面方向），这时添加正向电压，在磁场作用下的通电混合盐溶液受到的电磁力的方向向左。通电混合盐溶液受电磁力的驱动向左运动时，有一部分液体通过管道直接流出，由于电磁力发生装置内部空间较大，有一部分液体首先撞击壁面，产生回流运动。溶液中的气泡为水的电解反应产生的氢气和氧气的混合气体，不具有导电性能，气泡不受电磁力的驱动，不能向左运动，此时由于液体的回流运动，驱使气泡向右开始运动。

　　图 5-36 为通电时间为 45s、55s、65s 时，磁场作用下添加反向电压时的气泡运动情况。在通电时间为 35s 时，关闭输入电压，石墨壁面停止产生气泡，电磁力发生装置内部的气泡停止相互融合。在通电时间为 45s 时，对液体重新施加电压，改变电压的输入方向，添加反向电压，此时静止的混合盐溶液及气泡又重新开始运动。电磁力发生装置内的盐溶液首先从右侧管道流出，而此时气泡运动方向与盐溶液运动方向相反，气泡快速地向左侧运动（平行于石墨壁面方向）。这时添加反向电压，在磁场作用下的通电混合盐溶液受到的电磁力方向向右。通电混合盐溶液受电磁力的驱动向右运动时，有一部分液体通过管道直接流出，由于电磁力发生装置内部空间较大，一部分液体首先撞击壁面，产生回流运动。溶液中的气泡为水的电解反应产生的氢气和氧气的混合气体，不具有导电性能，气泡不受电磁力的驱动，不能向右运动，此时由于液体的回流运动，驱使气泡向左运动。

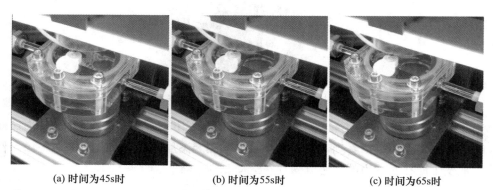

(a) 时间为45s时　　　　　　(b) 时间为55s时　　　　　　(c) 时间为65s时

图 5-36　磁场作用下添加反向电压时气泡运动情况

　　通电时间为 48s 之前，石墨壁面上产生的气泡速度较慢，随着时间的增加，产生气泡的速度变快。这是由于在通电时间为 30s 之前，通电混合盐溶液被施加正向的电压，这就导致阴极：$Fe^{3+}+e^-\!\!=\!\!=\!\!Fe^{2+}$，阳极：$Fe^{2+}-e^-\!\!=\!\!=\!\!Fe^{3+}$。在通电时间为 45s 时，改变电压方向，施加反向电压，此时较施加正向电压时相比，阳极、阴极互换。此时的阳极聚集大量 Fe^{2+}，阴极聚集大量 Fe^{3+}，刚开始添加反向电压时，由于阴阳极周围聚集了大量的所需离子，所以这一阶段是 Fe^{2+} 与 Fe^{3+} 的反应占据主导地位，所以观测到产生气泡的速度较慢。但是随着反应的进行，阳极 Fe^{2+} 离子量急剧减少，阴极 Fe^{3+} 急剧减少，开始进行水的电解反应，产生大量的气泡。

5.6 本章小结 ⟫⟫⟫

本章通过以质量浓度 10% 混合盐溶液为工质，对添加电磁力和不添加电磁力两种工况下的脉动热管的运行温度曲线、热阻等传热性能进行研究，总结分析了脉动热管的运行特性如下：

1. 电磁力发生装置放置于脉动热管竖向通道时，脉动热管工质无法循环运动，与开式脉动热管运行过程接近，能够形成稳定的脉动。电磁力的加入，可使温度脉动曲线脉动幅度变小，但维持的时间较短。

2. 电加热丝的长度对脉动热管的运行性能影响很大。当电加热丝为 330mm 时，脉动热管在加热功率较低时，可形成稳定的脉动。当电加热丝为 200mm、250mm 时，脉动热管在加热功率较低时不能启动，随着加热功率的增加，脉动热管方可正常启动。

3. 当加热功率较低时，工质运行速度较慢，常常伴随着较频繁的停滞、左右振荡及反向运动，壁面温度曲线波动幅度较大，热阻较大，此时脉动热管具有较差的运行及传热性能。当加热功率较高时，工质运行速度变快，停滞、左右振荡及反向运动现象大大减少，壁面温度曲线波动幅度较小，热阻较小，此时脉动热管具有良好的运行及传热性能。

4. 针对电磁力发生装置来说，其提供的电磁力过小，在脉动热管运行中不足以表现出标志性的规律。

5. 脉动热管在运行过程中，电磁力发生装置内部的电流一直处于变化状态。当电磁力发生装置内部溶液较多时，可定向移动的离子较多，电流具有较大值。当电磁力发生装置内部溶液较少时，此时气泡较多，溶液中可定向移动的离子减少，电流具有较小值。

6. 无磁场作用下，电磁力发生装置添加正向电压及反向电压时，混合盐溶液瞬时产生电化学反应，产生大量气泡，新产生的气泡将原有气泡推挤至对侧。磁场作用下，电磁力发生装置添加正向电压及反向电压时，混合盐溶液瞬时产生电化学反应，产生大量气泡。通电盐溶液在磁场中受电磁力的作用。当添加正向电压时，通电盐溶液受到方向向左的电磁力的作用，开始向左运动，而气泡内部无电磁力作用，同时溶液回流对气泡产生相反的作用力，此时气泡向右运动。当添加反向电压时，通电盐溶液受到方向向右的电磁力的作用，开始向右运动，而气泡内部无电磁力作用，同时溶液回流对气泡产生相反的作用力，此时气泡向左运动。

6.1 工质制备和物性参数 ▸▸▸▸

相变材料（phase change materials，PCM）可以根据环境温度变化发生相变来吸收或放出大量的热量，相变时体积变化小，单位体积储存能量密度大，而且在相变过程中温度几乎可以维持不变，控制温度效果好。但是相变材料的低导热性能限制了它的实际应用。为解决上述问题，目前经常采用的一种方法是使用高导热率材料将相变材料封装成微小胶囊以提高相变材料的导热性。

图 6-1 MEPCM 的形貌表征

相变微胶囊（microencapsulated phase change material，MEPCM）的芯材是相变材料，壁材为高分子复合物，芯材在壁材的包裹下形成粒径为 $1\sim1000\,\mu m$ 的微型颗粒，其形貌表征如图 6-1 所示。壁材的柔韧性很好，可以容纳芯材的体积变化，并且壁材的包裹可以避免芯材融化后凝结团聚在一起，使相变材料在与外界隔离的状态下融化吸收热量，或者凝结放出热量，减小了外界环境的影响，解决了相变材料在工作中经常出现的一系列问题（如腐蚀、泄漏等）。微胶囊封装技术，拓宽了相变材料的使用广度，应用前景极为广阔。

相变微胶囊悬浮液是将一定质量或者体积的相变微胶囊加入到工作流体中，再加入分散剂，通过搅拌或超声振荡的方法将流体分散均匀。在一些换热设备中，工作流体在内部蒸发冷凝，发生汽-液相变时的体积变化大，温度维持稳定困难；而相变微胶囊里面的相变材料发生的固-液相变，在相同条件下发生的体积变化小，容易维持温度的稳定。在工作流体中加入相变微胶囊颗粒，可以使工质实现基液和相变微胶囊的双重相变，增强了流体的换热效果。另外使用相变材料还可以解决热量供需时"空不匹配"的问题，统一储存热量和强化传递热量的介质，缩短了换热过程，减小换热设备体积的同时还提高了能源利用效率，广泛应用在蓄热和强化传热等各个方面。

▶▶ **6.1.1 相变微胶囊流体制备**

相变微胶囊流体是由超纯水、分散剂和相变微胶囊组成的混合物悬浮液，实验时需要进行流体的稀释。稀释流体时，首先计算出实验要求质量浓度下需要的相变微胶囊流体和超纯水的质量，调整底座，将天平的水准泡调节至液腔中央，保证天平水平放置，然后用天平称取所需质量的相变微胶囊流体和超纯水，再将两种流体混合，混合后先使用玻璃棒对流体进行初步的搅拌，然后将流体放置到超声波振荡器中连续振荡 60min，取出后放到室内静止，静止的最短时间应大于实验所需的时间，发现流体没有明显的分层和团聚的现象，具有良好的稳定性，可以投入使用。

如图 6-2 和图 6-3 所示，稀释工质时使用电子分析天平称取流体的质量，天平的量程为 0～120g，精度为 0.1mg；使用超声波清洗机振荡流体，根据需求可以选择 40/59Hz 两种超声频率。

图 6-2　电子分析天平　　　　　　　　　图 6-3　超声波清洗机

▶▶ **6.1.2 工质的物性参数**

本实验中使用的相变微胶囊芯材为石蜡，壁材为聚合物和二氧化硅复合壳层，图 6-4 显示了静止状态的相变微胶囊流体的外观和扫描电镜（SEM）下相变微胶囊颗粒的形貌表征。如图 6-4 所示，相变微胶囊颗粒壁面光滑，大部分相变微胶囊颗粒的形状都较为规则，但是由于石蜡的融化和凝结，微胶囊内部体积发生变化，壁材也会发生坍塌，产生不同形状的褶皱。

图 6-5 是相变微胶囊的粒度分级曲线，可以看出，相变微胶囊粒径主要分布在 10～50μm。

图 6-6 显示的是差示扫描量热仪记录到的 DSC 曲线，即相变微胶囊悬浮液热流随温度的变化（DSC）曲线。可以看到相变微胶囊内改性石蜡芯材的固-固和固-液相变两个吸收峰，芯材的相变潜热为 126.7J/g。

图 6-4 相变微胶囊悬浮液外观及扫描电镜照片

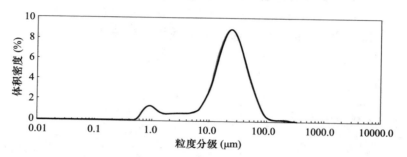

图 6-5 相变微胶囊粒度分级曲线

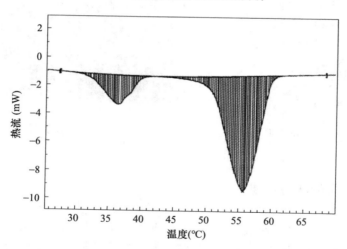

图 6-6 相变微胶囊流体 DSC 曲线

表 6-1 显示了超纯水和相变微胶囊流体的部分热物性参数。不同温度和质量浓度下，相变微胶囊流体的比热和热扩散系数没有明显变化，并且与超纯水的差别也很小。但是随着相变微胶囊的加入和质量浓度的升高，流体的黏度明显增大。在 30℃下，质量浓度为 0.5％和 3％的微胶囊流体的动力黏度分别为 3.09mPa·s 和 5.33mPa·s，远大于同温度下超纯水动力黏度 0.8mPa·s；温度从 30℃升高到 70℃，3％质量浓度下微胶囊流体的动力黏度分别从 5.33mPa·s 下降到了 2.43mPa·s。

表 6-1 超纯水和相变微胶囊流体热物性参数

工质	温度 （℃）	比热容 （kJ/kg·K）	热扩散系数 （mm²/s）	动力黏度 （mPa·s）
水	30	4.2	0.15	0.8
	70	4.187	0.16	0.41
0.5%	30	4.12	0.13	3.09
3%	30	4.19	0.12	5.33
	70	4.25	0.14	2.43

6.2 脉动热管实验系统 »»»

图 6-7 是脉动热管实验系统图。脉动热管实验系统分为加热系统、冷却系统、数据采集系统和脉动热管四部分。加热系统包括电源、镍铬电阻丝，调压器等；冷却系统包括自来水、定压水箱和连接管路等；数据采集系统包括热电偶、安捷伦 34980A 数据采集器和计算机等；脉动热管部分包括主体及其相关配件。

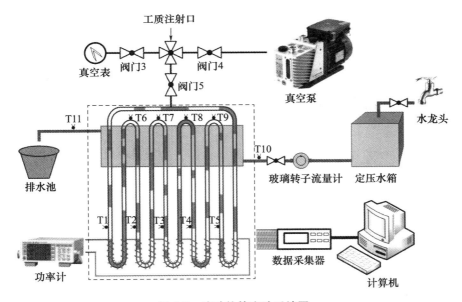

图 6-7 脉动热管实验系统图

▶▶ 6.2.1 脉动热管主体设计

紫铜金属导热性能良好，使用紫铜管制作脉动热管，可以将脉动热管布置在紫铜管的外壁，监测脉动热管内部工质的运行温度。

在研究质量浓度 0.5%的相变微胶囊脉动热管启动特性实验中，使用的是无支管的脉动热管主体，图 6-8（a）为脉动热管主体实物图，图 6-8（b）为脉动热管各部分的长度尺寸和热电偶的位置分布。脉动热管主体由总长约 360cm 的紫铜管和不锈钢管组成，紫铜管的内径为 2mm，外径为 3mm。具有五个弯头数的脉动热管整体高度为 333mm，宽度为 135mm，竖直方向有 10 根立管，相邻两根立管的间距为 15mm。在脉动热管蒸发端缠绕镍铬电阻丝进行加热，在冷凝端布置内腔尺寸为 162mm×17mm×90mm 的不锈钢冷却水箱进行冷却，蒸发端和冷凝端高度分别为 40mm 和 105mm。为对脉动热管各部分温度进行监测，在蒸发端设置了 T1～T5 五个温度测点，在冷凝端设置了 T6～T9 四个温度测点，在冷却水箱进出口水管上设置了 T10、T11 两个温度测点。

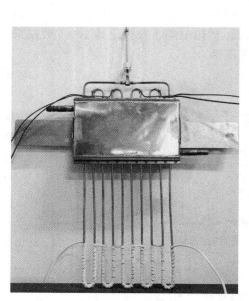 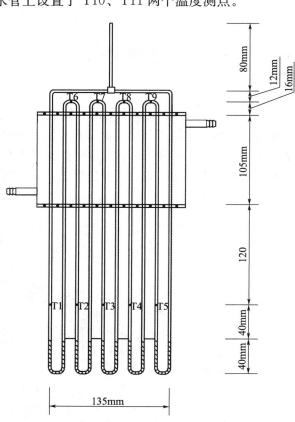

(a) 脉动热管主体实物图   (b) 脉动热管结构尺寸及热电偶分布图

图 6-8　脉动热管主体结构

在脉动热管传热性能的实验中，蒸发端高度设置为 63mm，使用的是有支管的脉动热管主体，图 6-9（a）为脉动热管主体实物图，图 6-9（b）为有支管脉动热管尺寸结构和热电偶的位置分布。在脉动热管最左侧的通道上增加一根支管，支管的左端使用阀门控制开关，可以在给脉动热管抽吸工质时通入大气，使脉动热管内部压力等同于外部大气压，促使工质顺利排出。可以使抽吸工质的时间缩短三分之二，节省了大量时间。

根据脉动热管的运行原理，工质需要在脉动热管内部形成气塞和液塞，气塞、液塞在重力和表面张力等作用力的综合作用下振荡脉动，实现脉动热管的正常运行。大管径下，工质受重力影响大于表面张力影响，难以形成气塞、液塞，脉动热管便不能具有足够的动力推动工质克服重力做功，完成启动和运行。因此对脉动热管的内径提出了一定要求，即脉动热管具有最大临界内径，如公式（6-1）所示。

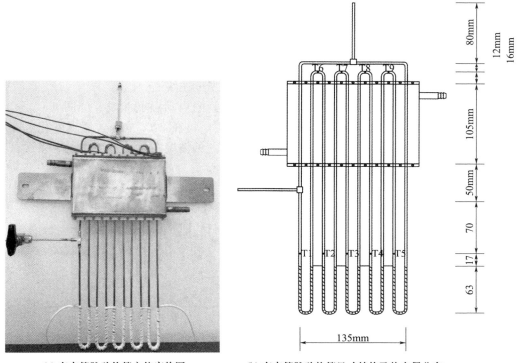

(a) 有支管脉动热管主体实物图　　(b) 有支管脉动热管尺寸结构及热电偶分布

图 6-9　有支管脉动热管主体结构

$$D_c < 2\sqrt{\frac{\sigma}{g\,(\rho_1 - \rho_v)}} \tag{6-1}$$

式中　D_c——最大临界内径，m；

　　　σ——工质的表面张力，N/m；

　ρ_1、ρ_v——液态和气态工质的密度，kg/m³；

　　　g——重力加速度，m/s²。

同样，脉动热管内径也不能过小，如果脉动热管的内径过小，工质运行时所受的阻力就会增大，将对脉动热管传热产生不利影响。Dobson 等认为脉动热管同样存在最小临界内径，计算如式（2-2）所示。

$$D_c > 0.7\sqrt{\frac{\sigma}{g\,(\rho_1 - \rho_v)}} \tag{6-2}$$

但有研究者认为圆管脉动热管内径的约束公式不适用于非圆管脉动热管，由于非圆管脉动热管工质的流动阻力大，临界管内径也要比圆管大。本实验采用圆管脉动热管，根据对最大和最小临界管径的计算，本实验选择使用内径为 2mm 的紫铜管制作脉动热管进行传热性能研究。

6.3 启动性能 »»»»

▶ 6.3.1 微胶囊流体脉动热管启动温度曲线

图 6-10～图 6-17 是倾角为 90°、充液率为 50％、质量浓度为 0.5％的相变微胶囊流体脉动热管在 30～210W 加热功率下启动运行时的温度曲线。

图 6-10 是 30W 加热功率下相变微胶囊脉动热管的启动温度曲线。如图 6-10 所示，加热功率为 30W 时，脉动热管蒸发端温度变化范围广，在 200s 之前，温度变化范围在 10℃左右，然后出现温度的突然下降和再次上升，此种情况在实验过程中出现多次。冷凝端壁面温度存在 18～25℃范围内的有规律性脉动。

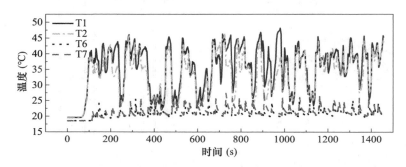

图 6-10　30W 加热功率下相变微胶囊脉动热管启动温度曲线

这是由于工质在蒸发端需要积累足够的输入热量，才能产生足够动力克服工质所受的阻力，推动工质振荡流动。在 30W 小功率加热下，脉动热管内驱动力不足，相变微胶囊的加入提高了工质的黏度，工质流动速度慢，流动黏滞阻力大，热量不能及时地传递到冷凝端。虽然工质在蒸发端经过加热后可以在压差作用下流动到冷凝端冷凝降温，但是在冷端管内气泡冷凝、收缩破裂后，出现了冷凝端大量工质的回流，蒸发温度大幅下降。回流到蒸发端的工质经过一段时间的加热，再次受压差作用流动到冷凝端，如此往复运行，呈现出脉动温度的大幅上升或大幅下降并交替存在，还会出现蒸发端的最低温度接近冷凝端温度的情况。

图 6-11 是 60W 加热功率下相变微胶囊脉动热管的启动温度曲线。在 60W 的加热功率下脉动热管的启动运行稳定性差，温度呈现无规律振荡。首先是蒸发端和冷凝端温度在 23℃附近小幅振荡脉动，然后蒸发端温度迅速升高到 52℃又快速回落，在 25℃附近小幅振荡一段时间后，温度再次升高，并维持在 50℃左右运行到 1000s，之后又出现蒸发端温度回落和升高的反复运行状态。

在 60W 加热功率下，脉动热管提供的动力促使工质流动速度加快，脉动热管可以维持一段时间的稳定流动，但工质不能长时间维持相同的流动方向，当管内出现大气泡或者长气塞的收缩破裂时，原有的流动平衡就会被打破，会产生工质向与原来相反的方向流动，出现蒸发温度从 50℃左右的高温脉动改变为在 25℃左右的低温脉动情况。

同样地，持续进行一段时间的反向稳定流动后，若是再次遇见大气泡或者长气塞的收缩破裂，工质的整体流向会再次转变，测点的温度也会从在 25℃ 左右的低温下脉动改变为在 50℃ 左右的高温脉动。

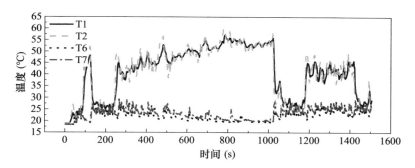

图 6-11　60W 加热功率下相变微胶囊脉动热管启动温度曲线

如图 6-12 所示，90W 加热功率下相变微胶囊脉动热管的脉动频率虽然比 60W 时有所增大，但是运行仍不稳定，蒸发端的温度也出现了在高温和低温交替运行的无规律振荡脉动。说明此加热功率提供的动力还不够，不能实现脉动热管的持续稳定运行。

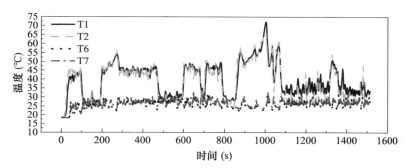

图 6-12　90W 加热功率下相变微胶囊脉动热管启动温度曲线

图 6-13 是 120W 加热功率下相变微胶囊脉动热管的启动温度曲线。可以看到，在热量的输入下，脉动热管蒸发端温度首先快速上升到 50℃，接着迅速降低到 28℃ 振荡运行后再次上升，保持 55℃ 的温度一段时间后再次下降到 47℃，维持小幅高频的稳定运行状态。

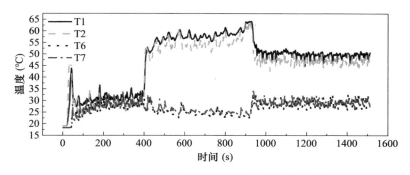

图 6-13　120W 加热功率下相变微胶囊脉动热管启动温度曲线

在 120W 的热量输入下，开始时脉动热管输入的热量较少，工质不能维持稳定单向运行，蒸发端温度出现了在低温和高温下的交替转换。初步启动后，工质首先进行的是图 6-14（b）所示的逆时针反向流动，当动力和阻力之间的平衡破坏后，工质转变为图 6-14（a）所示的顺时针正向流动，但是刚刚转变时正向流动阻力较大，工质难以从蒸发端流动到冷凝端交换热量，蒸发端温度较高。经过一段时间的热量累积，工质克服阻力在管内能够形成快速流动，出现稳定的单向流动趋势，同时微胶囊内相变材料开始相变，蒸发端温度下降，运行时间约从 900s 后，脉动热管工质温度脉动幅度小、频率高，运行非常稳定。

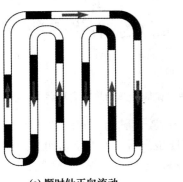 

(a) 顺时针正向流动   (b) 逆时针反向流动

图 6-14　脉动热管工质流动方向

图 6-15～图 6-17 分别是加热功率 150W、180W、210W 下相变微胶囊流体脉动热管的启动温度曲线。如图 6-15 所示，相变微胶囊脉动热管在 150W 加热功率下的启动温度曲线运行十分稳定。蒸发端温度从 18℃上升到 50℃后进行小幅稳定脉动，具有良好的温度稳定性。

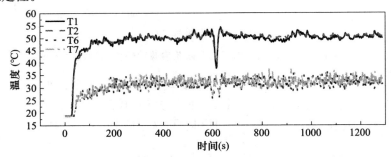

图 6-15　150W 加热功率下相变微胶囊脉动热管启动温度曲线

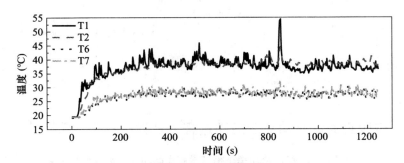

图 6-16　180W 加热功率下相变微胶囊脉动热管启动温度曲线

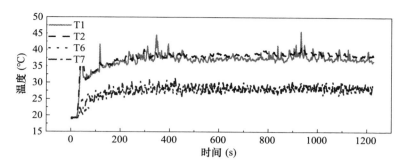

图 6-17 210W 加热功率下相变微胶囊脉动热管启动温度曲线

在 150W 的加热功率下，脉动热管具有充足的动力，可以很好地启动运行。尽管运行到 600s 时，脉动热管出现了较大的温度波动，但是此时蒸发端产生的大推动力可以推动工质迅速流动到冷凝端，补充由于大气泡或者长气塞收缩破裂导致的冷凝端工质的空缺，所以蒸发端的温度下降后立刻上升，没有出现低温和高温交替转换的现象。

当加热功率提高到 180W 时，蒸发端温度从 18℃ 上升到 37℃ 振荡运行，冷热端温差只有 12℃。随着加热功率的提高，脉动热管蒸发端温度并没有提高，而是从 50℃ 左右降低到 37℃ 左右，主要是脉动热管加热功率达到 180W 时，由于较大的能量输入，内部推动力充足，工质的快速流动循环增强了热量交换，以及相变材料的相变过程吸收了大量热量，同样导致了脉动热管蒸发端温度的下降。

加热功率为 210W 时，相变微胶囊流体脉动热管的启动运行稳定，没有出现温度的突然波动，说明在 210W 的大加热功率下，脉动热管气塞、液塞分布均匀，动力和阻力的平衡效果好，工质在蒸发端和冷凝端之间快速稳定脉动，热量交换快速，传热温差小。

在不同加热功率下，脉动热管启动过程中，蒸发端温度先是快速上升，然后再突然下降再进入振荡状态，该种启动方式与 Xu 等发现的第一种启动方式一致。这是由于脉动热管内工质开始出现相变，蒸发端有气泡产生，工质在蒸发端气化积累后向冷凝端运行，冷凝后的工质补充到蒸发端，使蒸发端工质温度下降产生振荡。但在低加热功率的情况下，脉动热管的振荡一般不能持续维持，频繁出现流动方向改变的现象，在不同的温度区间内出现温度脉动。当加热功率继续升高，脉动热管的启动开始向稳定运行过渡。脉动热管在 120W 加热功率时启动后能够稳定运行，蒸发端温度出现下降趋势，此时相变材料开始相变。加热功率继续提高，脉动热管温度曲线的脉动频率增加，但幅度趋于平缓，且振荡能够持续。在 150W 的加热功率下，大量工质相变，相变材料可以在自身温度不变的情况下吸收大量热量，因此稳定运行时蒸发端的温度具有优异的温度稳定性。继续增大加热功率，此时蒸发端的平均温度出现降低趋势，传热温差减小，传热性能提高。

▶▶ 6.3.2 微胶囊流体脉动热管启动过程特征性能参数

脉动热管的启动过程中，启动时间、启动温度和稳定运行温度等热性能具有重要意义。启动时间是指脉动热管从吸收热量至开始运行时需要的时间，启动时间越短，脉动热管越快进入运行状态。启动温度是指脉动热管开始运行时的蒸发端温度，启动温度越低，传热效果越好。较短的启动时间和较低的启动温度有利于脉动热管的运行和应用。图 6-18～图 6-20 分别为启动时间、启动热端温度及稳定运行温度随加热功率的变化规律。

6.3.2.1 启动时间

从图 6-18 可以看出，随着加热功率的增加，脉动热管的启动时间先快速降低然后趋于平缓。启动时间从加热功率为 30W 和 60W 时的 50s，快速降低到加热功率为 150W 时的 20s，然后继续增加加热功率，脉动热管的启动时间维持在 20s。

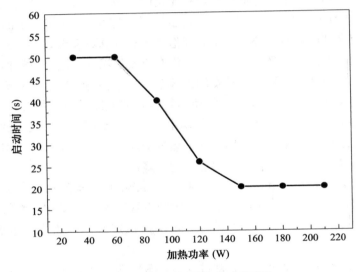

图 6-18 启动时间随加热功率变化

在脉动热管的启动过程中，蒸发端的液态工质要在短时间内吸收足够的热量，才能使蒸发端及冷凝端产生足够的压差推动工质的循环流动。当加热功率比较低，脉动热管刚开始启动时，相变微胶囊流体黏度较大，流动速度小，具有较高的黏滞阻力，需要较长的时间以获得足够的热量输入促使更多液态工质参与相变。提高加热功率，可以使脉动热管瞬间获得更多的热量，工质汽化速度增加，脉动热管需要的启动时间降低。但是当输入热量增加到一定程度，加热功率大于 150W 时，工质在脉动热管内的汽化相变速率已经达到极限，继续提高加热功率对启动时间没有明显影响。

6.3.2.2 启动温度

图 6-19 表明蒸发端启动温度随着加热功率的增加呈现先增加、后降低、再增加的趋势。平均启动温度在加热功率为 30W 时的 35℃ 上升到 60W 时的 48℃；在加热功率 90～120W 范围内，启动温度维持在 42℃ 附近；继续提高加热功率，启动温度降低到 30℃ 后又上升到 40℃。

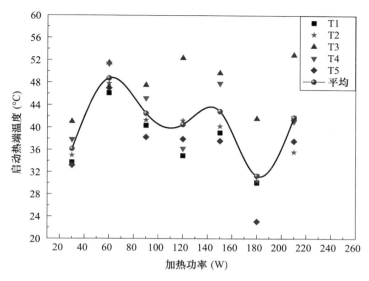

图 6-19 启动热端温度随加热功率变化

在 30W 较低的加热功率下，由于输入的能量少，在蒸发端工质吸收的热量就少，启动温度较低；加热功率增大到 60W，热输入量变多，又缺乏足够动力推动高黏度工质克服阻力做功流动到冷凝端，蒸发端的工质经过较长时间的热量积累，温度上升，提高了启动温度，此时脉动热管的启动温度最高；继续增大加热功率，脉动热管内部驱动力继续增大，蒸发端大量工质蒸发，流动到冷却端传递热量，使脉动热管快速启动，蒸发端启动温度开始降低并趋于稳定；但是脉动热管瞬时传递的热量有限，当加热功率增大到 210W，极高的加热功率会导致脉动热管瞬间温度的骤增，再次表现为启动温度的升高。

6.3.2.3 稳定运行温度

图 6-20 显示的是脉动热管启动后进入稳定运行的蒸发端温度随加热功率变化曲线，稳定运行温度随加热功率的增加呈现先升高后降低的趋势。随着输入功率增加，脉动热管稳定运行平均温度先从 48℃升高到 50℃，然后降低到 35℃。当脉动热管开始稳定运行时，充足的驱动力会促进脉动热管实现高频小幅脉动。工质稳定运行温度的高低主要是由热量输入和热量传递速率两个方面决定。加热功率为 120W 时，蒸发端温度达到相变材料的相变点，在大量潜热换热下，脉动热管蒸发端的温度较低。当加热功率从 120W 提高到 150W 时，热量传递速率的增值小于热量输入的增值，蒸发端运行温度略有上升。加热功率增大到 180W 之后，随着加热功率的升高，输入热量的增多使脉动热管蒸发端热量增加，但是同时大输入热量下产生的高驱动力促使工质流动速度增大，工质黏滞阻力减小，热量传递效率升高，蒸发端的热量可以更好地通过工质的循环运行传递到冷凝端，同时大量工质发生相变，从而降低热端温度，减小了两端的传热温差。

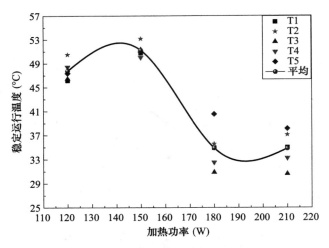

图 6-20　稳定运行温度随加热功率变化

6.4　相变微胶囊流体脉动热管运行性能 》》》》

本章内容基于不同倾角下（30°、60°、90°）以超纯水和不同质量浓度（0.5％、1％）微胶囊流体作为工质的脉动热管传热性能的研究。较高的能量输入有助于脉动热管的启动运行，选取 150 W 作为起始加热功率，每 20 W 调节一次，加热功率范围为 150～270 W，通过对运行温度曲线、传热温差和热阻等性能参数进行分析，研究不同倾角下工质对脉动热管传热性能的影响。图 6-9 所示有支管的脉动热管，T2、T3 显示的是蒸发端测点温度，T7、T8 显示的是冷凝端测点温度。

▶▶ 6.4.1　倾角为 90°时不同工质下的传热性能

6.4.1.1　壁面温度曲线

图 6-21 显示的是以超纯水作为工质，倾角为 90°时脉动热管蒸发端和冷凝端壁面温度运行曲线。在加热功率 151W 时，脉动热管可以启动，但是运行不够稳定，蒸发端温度波动很大。随着加热功率的增大，蒸发端和冷凝端温度振荡幅度减小，温度出现缓慢提高的趋势，运行趋于稳定。在加热功率为 151～275W 范围内，蒸发端温度从 53℃升高到了 71℃，冷凝端温度从 34℃升高到了 44℃。

以水为工质的脉动热管在 151W 加热功率下可以产生动力推动工质流动。在加热功率为 151W 时，工质在蒸发端受热产生的气泡聚集后形成的气塞推动液塞流动到冷凝端，在管内阻力较大的位置，驱动力不足以克服重力的做功，工质又重新返回到蒸发端，形成工质流动方向的改变，不能形成良好稳定的循环流动，运动规律较差，出现了蒸发端温度下降至与冷凝端相近的情况。随着加热功率的提高，驱动力增大，重力的影响减弱，工质在管内可以形成良好的循环流动，蒸发端温度脉动幅度减小，逐渐趋向稳定。

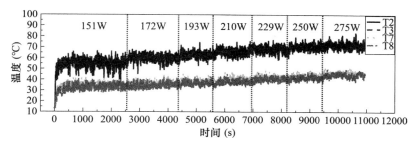

图 6-21　超纯水脉动热管壁面温度曲线

图 6-22 显示的是倾角为 90°下 0.5％质量浓度相变微胶囊流体脉动热管的蒸发端和冷凝端壁面温度运行曲线。90°倾角下，以 0.5％质量浓度相变微胶囊流体作为工质的脉动热管整体运行温度较低，温度稳定性良好。随着加热功率的增大，蒸发端和冷凝端温度均同步小幅稳定上升，加热功率从 148W 增大到 270W，冷热端的平均温度分别从 31℃和 55.5℃升高到了 41.4℃和 71.4℃。

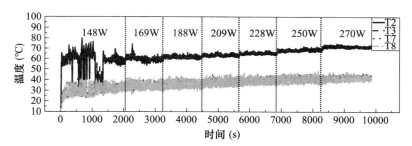

图 6-22　倾角为 90°质量浓度为 0.5％相变微胶囊流体脉动热管壁面温度曲线

可以看到，脉动热管刚开始启动时运行非常不稳定，脉动热管内工质流动方向存在变化，运行一段时间后蒸发端温度不再变化，保持稳定运行。这是由于加入相变微胶囊后工质黏度增加，工质刚开始流动速度慢，阻力较大。经过热量的累积，热驱动力增大，工质黏度降低同时流动速度增加，流动阻力减小，促进了脉动热管的良性循环运行，此时蒸发端温度具有极佳的运行规律。随着加热功率的增大，蒸发端和冷凝端温度上升。脉动热管在所有加热功率下的蒸发端温度波动很小，说明相变微胶囊流体连续性好，工质稳定快速流动时，相变微胶囊的相变可以充分发挥作用提升工作温度的稳定性。

图 6-23 是 90°倾角下 1％质量浓度相变微胶囊流体的壁面温度脉动曲线。质量浓度 1％的微胶囊流体作为工质时，脉动热管在 167.5W 的低加热功率下不能稳定运行，蒸发端温度变化规律性差，加热功率升高到 190W 蒸发端温度仍不具有较好的稳定性，随着加热功率的继续增大，蒸发端温度波动减小并可维持稳定。整体上脉动热管的运行温度很低，从 167.5W 到 270W 温度上升较小，在 270W 时蒸发端平均温度仅为 68℃。

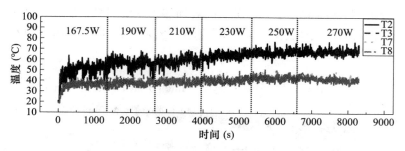

图 6-23 倾角 90°下质量浓度为 1%相变微胶囊流体脉动热管壁面温度曲线

相变微胶囊质量浓度为 1%时，在大量微胶囊颗粒的相变作用下，工质在蒸发端融化过程以相变潜热的形式吸收了大量热量，降低了脉动热管蒸发端的温度。但是具有高浓度相变微胶囊的流体黏度较大，较大的流动阻力使工质不能形成快速稳定的单向流动，整体运行稳定性差。在加热功率为 167.5W 和 190W 时，脉动热管内的驱动力不足以克服阻力做功，维持稳定运行，蒸发端温度振荡波动范围很大。随着加热功率继续提高，驱动力增大，黏度对脉动热管影响减弱，运行稳定性增强，蒸发端的壁面温度稳定性越来越好。

6.4.1.2 传热温差及传热热阻

图 6-24 显示的是不同工质脉动热管的传热温差随加热功率变化曲线。随加热功率增大，传热温差呈现出缓慢增长的趋势，其中以超纯水和 0.5%质量浓度的相变微胶囊流体为工质的脉动热管传热温差在加热功率为 169～250W 时相差不大，在加热功率为 148W 和 270W 时略大于超纯水。以质量浓度 1%相变微胶囊流体为工质的脉动热管传热温差最低。图 6-25 显示了 90°倾角下不同工质脉动热管的传热热阻随加热功率变化曲线。在 190～270W 的大加热功率下，几种工质的热阻变化已经趋于平缓。超纯水脉动热管热阻略低于质量浓度 0.5%的相变微胶囊流体，在加热功率 209～250W 范围内热阻曲线接近重合。在大量相变微胶囊颗粒的作用下，质量浓度 1%的相变微胶囊流体脉动热管热阻随加热功率变化不大，在 0.089K/W 左右波动，并且在所有加热功率下脉动热管的热阻均小于超纯水和质量浓度 0.5%的相变微胶囊流体的热阻。

相变微胶囊的加入对脉动热管的影响是双重的。相变颗粒的添加可以增大工质流动过程的扰动性，增大基液的汽化核心，提高流体流动的连续性，这些性质的增强均有利于脉动热管传热性的提升，但同时也增大了工质的黏度，不利于工质的传热和运行。在较低的浓度下，微胶囊粒子的相变扰动削弱，同时工质黏性的增大，阻碍了工质在蒸发端和冷凝端之间振荡流动，导致了工质回流变弱，传热温差增加，热阻变大，传热性能降低。需要增加输入热量，提供更大的推动力才能推动工质流动运行，因此 0.5%相变微胶囊流体在低加热功率下热阻大，高加热功率下热阻和超纯水差别较小。由于大量的相变微胶囊颗粒的加入，相变材料在蒸发端和冷凝端吸收和释放大量潜热，促进了脉动热管的热量传递，质量浓度 1%的相变微胶囊流体中相变作用的影响大于黏度的影响，相变颗粒的相变使脉动热管蒸发端温度维持在较低的范围内换热，减小了传热温差，热阻明显降低。

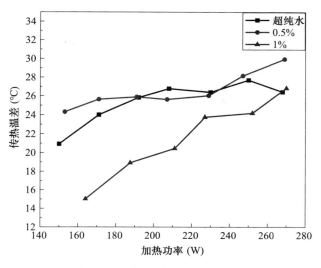

图 6-24 传热温差随加热功率变化

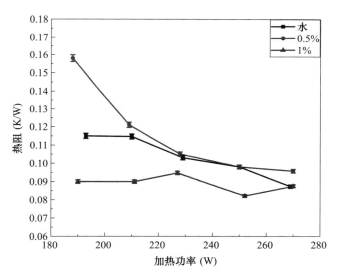

图 6-25 传热热阻随加热功率变化

▶▶ 6.4.2 倾角为 60°和 30°时不同工质的传热性能

6.4.2.1 壁面温度曲线

图 6-26 显示的是倾角为 60°时不同工质的脉动热管蒸发端和冷凝端壁面温度运行曲线。超纯水脉动热管的蒸发端和冷凝端温度同步小幅上升，加热功率从 149W 到 273W，蒸发端平均温度从 57℃升高到 72℃，冷凝端平均温度从 31.6℃升高到 44.7℃；质量浓度为 0.5％的相变微胶囊脉动热管蒸发端温度从 60.4℃升高到 74.3℃，冷凝端从 30.5℃升高到 38.2℃；质量浓度为 1％的相变微胶囊脉动热管蒸发端温度在 147 W 时平

均温度为 57.8℃，加热功率到 273 W 时，蒸发端平均温度上升到 74.3℃，冷凝端平均温度从 32℃ 升高到了 42.3℃。

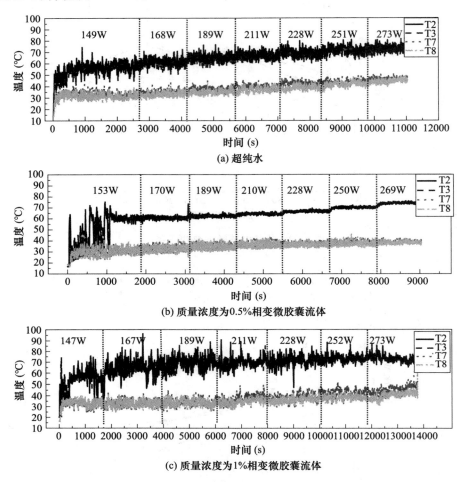

图 6-26 60°倾角下脉动热管壁面温度曲线

脉动热管处于 60°倾角时，所有工质脉动热管的蒸发端壁面温度与 90°倾角时都有所上升。稳定运行时质量浓度为 0.5% 和 1% 的相变微胶囊流体蒸发端平均温度大致相等，比超纯水略高。超纯水脉动热管的冷凝端平均温度最高，1% 质量浓度的相变微胶囊脉动热管次之，0.5% 质量浓度的相变微胶囊脉动热管最低。说明倾角为 60° 时脉动热管内部驱动力较弱，黏度对流体的流动传热效果起主要作用，相变材料对相变换热的促进起次要作用。加入相变微胶囊后，黏度的影响效果增强，相变微胶囊颗粒增强换热的积极作用不能抵消由高黏度流体造成的恶化传热作用，使热量不能及时传递到冷凝端，造成了蒸发端温度的上升和冷凝端温度的下降，传热性能比超纯水脉动热管差。但是由于 1% 质量浓度的相变微胶囊脉动热管存在冷凝端，放出大量潜热，所以冷凝端温度高于 0.5% 质量浓度的相变微胶囊脉动热管的冷凝端温度。

温度稳定性方面，以超纯水为工质的脉动热管在 149W 加热功率时蒸发端温度波动较大，168W 后温度波动减小之后不再变化；以质量浓度为 0.5% 的相变微胶囊流体为工质的脉动热管稳定运行后蒸发端温度波动变化范围很小；以质量浓度为1%的相变微胶囊流体为工质的脉动热管蒸发端温度稳定性最差，在147W时运行很不规律，随着加热功率增大稳定性越来越好，在252W之后甚至会优于超纯水。1%高质量浓度的相变微胶囊流体黏度大，脉动热管倾角为60°时驱动力较小，在147～167W的加热功率范围内难以保持稳定运行，直至加热功率升高到252W，驱动力足够大时，脉动热管蒸发端的壁面温度才可以维持较为稳定的状态，大加热功率下脉动热管驱动力增强，温度稳定性更好，所以高质量浓度流体更适用于较大的加热功率。

图6-27显示的是倾角为30°时不同工质的脉动热管蒸发端和冷凝端壁面温度运行曲线。以超纯水为工质的脉动热管蒸发端平均温度从67.1℃上升到了73.7℃，冷凝端平均温度从31.1℃升高到了45.9℃；质量浓度为0.5%的相变微胶囊脉动热管蒸发端温度从60.5℃到82.9℃，冷凝端从21.6℃到35.1℃；质量浓度为1%的相变微胶囊脉动热管蒸发端温度从69℃到87.7℃，冷凝端从31.3℃到37.7℃。脉动热管处于30°倾角时，所有工质脉动热管的蒸发端壁面温度与60°倾角时相比均上升，并且蒸发端温度与微胶囊浓度呈现正相关，而冷凝端温度随加热功率的增幅与微胶囊浓度呈现负相关。

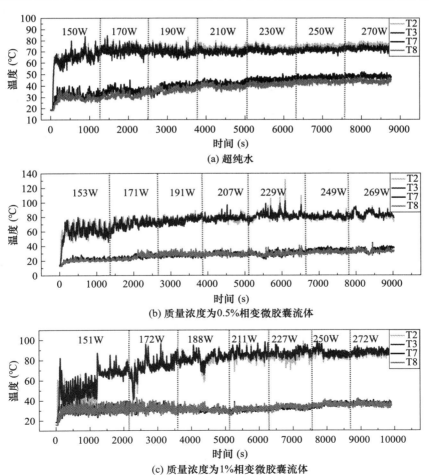

(a) 超纯水

(b) 质量浓度为0.5%相变微胶囊流体

(c) 质量浓度为1%相变微胶囊流体

图 6-27　30°倾角下脉动热管壁面温度曲线

温度稳定性方面，0.5％质量浓度的相变微胶囊流体脉动热管稳定性最好，低加热功率下超纯水好于1％质量浓度的相变微胶囊流体脉动热管，高加热功率下1％质量浓度的相变微胶囊流体好于超纯水脉动热管，如果继续提高加热功率，脉动热管的温度稳定性可能更优。说明在小倾角下，黏度对传热的影响继续增大，脉动热管的运行效果变差，工质循环运行减弱。即相变微胶囊流体质量浓度越高，工质黏度越大，传热效果越差。

6.4.2.2　传热温差及传热热阻

图6-28（a）为60°倾角时脉动热管传热温差随加热功率变化曲线。如图可知，加入相变微胶囊颗粒对60°倾角下的脉动热管传热性能产生消极作用。质量浓度为0.5％的相变微胶囊流体脉动热管传热温差居中；质量浓度为1％的相变微胶囊流体脉动热管在加热功率为153～250W时传热温差最大，当加热功率达到269W时传热温差出现下降并降低到质量浓度为0.5％的相变微胶囊流体传热温差之下。60°倾角时，质量浓度为1％的相变微胶囊流体脉动热管在151～250W加热功率时传热温差比较大。当加热功率为270W时，传热温差比质量浓度为0.5％的相变微胶囊流体脉动热管低。在较小倾角的低加热功率时，脉动热管驱动力弱，整体运行受黏度影响较大，传热性能很差。加热功率增加到一定程度，达到足够驱动力时，工质中的相变微胶囊颗粒可以快速在蒸发端和冷凝端循环传热，相变微胶囊对传热的促进作用有所显现。

图6-28（b）为30°倾角时脉动热管传热温差随加热功率变化曲线。30°倾角时相变微胶囊对脉动热管的作用效果在传热温差的差别上体现明显，如图可知，以水为工质的脉动热管传热温差最小，两种质量浓度的相变微胶囊流体脉动热管传热温差大致相同，都远远大于超纯水。30°倾角时加入相变微胶囊流体的脉动热管传热性能变差，可能是小倾角下脉动热管提供的驱动力小，不足以推动高黏度流体做功，导致工质循环流动性较弱，热量难以传递到冷凝端。

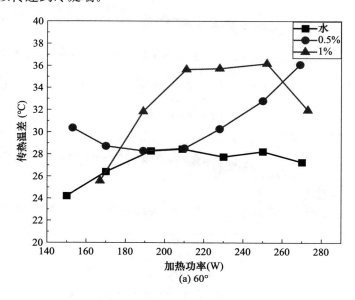

(a) 60°

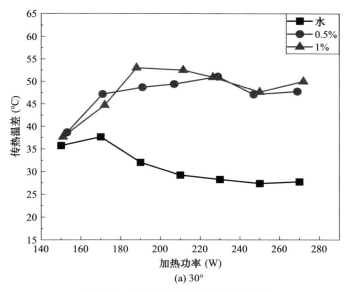

(a) 30°

图 6-28　传热温差随加热功率的变化

　　图 6-29 为 60°和 30°倾角时脉动热管热阻随加热功率变化曲线，几种工质的脉动热管热阻都呈现出随加热功率增大而下降的趋势。与 90°倾角时不同，当小倾角下脉动热管驱动力减弱时，黏度对工质的运行流动恶化效果明显。如图 6-29（a）所示，60°倾角下，以水为工质的脉动热管热阻最小，质量浓度为 0.5％的相变微胶囊流体脉动热管次之；质量浓度为 1％的相变微胶囊流体脉动热管在 151～250W 加热功率时最大，在 270W 加热功率时低于质量浓度 0.5％的脉动热管。在较小的驱动力下，质量浓度为 1％的高黏度相变微胶囊流体不能良好地运行，只有在高加热功率下性能才有所提升。如图 6-29（b）所示，30°倾角下，以水为工质的脉动热管热阻仍是最小，两种质量浓度的相变微胶囊流体脉动热管热阻基本相同。驱动力进一步减小，受黏度和阻力的影响，质量浓度为 0.5％的低浓度相变微胶囊流体传热性能明显下降。

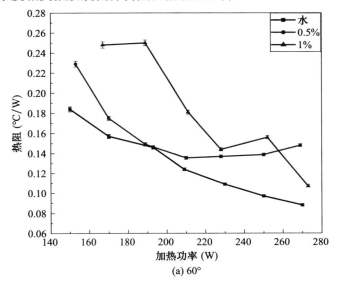

(a) 60°

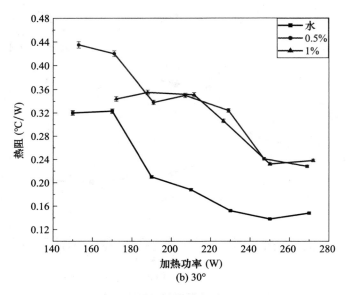

(b) 30°

图 6-29　热阻随加热功率变化

可以看到，不同质量浓度相变微胶囊流体的最佳运行工况不同，要对输入热量与流体的潜热换热和黏度进行综合考虑，输入热量要产生足够驱动力克服流动阻力，使流体快速稳定运行，还要相变材料尽可能多地参与相变换热。总体来说，质量浓度为1%的相变微胶囊流体在较大的倾角和较大的加热功率时，脉动热管传热效果最好。

微通道内影响工质流动的主要因素是黏性和重力等，只要有足够的热驱动力，蒸发端和冷凝端的压差足够，工质就可以克服由黏性等因素产生的较大的流动阻力，脉动热管发生有效振荡，实现热量的传递。当倾角较小时，重力的促进作用较小，工质的循环流动较弱，工质难以在蒸发端到冷凝端间快速流动传递热量，脉动热管热阻变大，传热性能降低。随着倾角的增大，冷凝液可以迅速回流到蒸发端，工质能良好地循环流动，脉动热管传热性能越来越好。但是随着加热功率的增大，在大量热输入的情况下，脉动热管动力充足，脉动热管可以很好地传热，工质受倾角的作用也会减小。

6.5　本章小结 ▶▶▶▶

本章通过对质量浓度0.5%相变微胶囊脉动热管启动运行温度曲线、启动温度、启动时间和启动后稳定运行温度曲线等启动性能进行研究。总结分析了微胶囊流体脉动热管在不同加热功率下的启动特性。通过对不同倾角（30°、60°、90°）下超纯水和0.5%、1%质量浓度相变微胶囊流体脉动热管的运行温度曲线、传热温差和热阻等传热性能进行研究，总结分析了脉动热管在不同工质下的运行和传热特性，结论如下：

1. 低加热功率下（30～90W），脉动热管可以启动，但温度呈现无规律振荡，启动运行非常不稳定。加热功率升高到120W，脉动热管启动后开始稳定运行。继续提高加热功率，脉动热管脉动频率增大、振幅稳定，可以快速启动。不同的加热功率下，脉动热管启动过程中，温度先是快速上升，然后突然下降，进入到振荡状态。

2. 加入相变微胶囊颗粒后，工质黏度增大，需要足够的推动力才能实现工质的稳定运行，在大功率下的（150～210W）的脉动热管稳定运行时的温度稳定性明显好于小功率条件下的（30～120 W）。当加热功率为120W时工质开始出现相变现象，蒸发端温度出现下降后稳定运行趋势。

3. 适当地增大加热功率可以缩短相变微胶囊流体脉动热管的启动时间，但是加热功率大于150W后对启动时间的影响变小，启动时间几乎不再随加热功率变化。

4. 相变微胶囊流体脉动热管的蒸发端启动温度随着加热功率的增加呈现先增加、后降低、再增加的趋势。加热功率从30W升到60W，工质在脉动热管内部大推动力下快速流动换热，启动温度开始降低并趋于稳定；但是加热功率达到210W后，大量热量的瞬时输入，启动温度再次升高。

5. 随着加热功率的升高，蒸发端热量增加，同时高驱动力下工质流动速度加快，工质黏滞阻力减小，热量传递效率高，在热量输入和热量传递速率的双重作用下，启动后的稳定运行温度随输入功率的增加呈现先增大后降低的趋势。

6. 脉动热管的启动运行中，启动性能受加热功率的影响很大，综合来说，高加热功率下脉动热管的启动性能更好。

7. 90°倾角时，质量浓度为0.5%的相变微胶囊脉动热管热阻与超纯水脉动热管热阻大致相同，质量浓度为1%的相变微胶囊脉动热管热阻降低明显。60°倾角时，在150～253W加热功率下相变微胶囊流体质量浓度越高，脉动热管热阻越大。30°倾角时不同质量浓度的相变微胶囊流体热阻相差不大，都比超纯水脉动热管的热阻高。

8. 倾角对不同工质的脉动热管传热性能影响很大，由于黏度的作用，随着倾角的减小，驱动力的降低，高黏度流体首先出现了明显恶化的传热现象。继续减小倾角，较低的质量浓度相变微胶囊流体的恶化作用开始显现。

9. 相变微胶囊的加入对脉动热管的影响是双重的，相变微胶囊颗粒可以促进工质扰动，吸收和释放大量潜热，提高流体的连续性，但是高黏度流体也会阻碍传热，当高输入热量下的驱动力可以克服高黏度流体的运行阻力，相变微胶囊颗粒的促进起主要作用时，脉动热管传热性能和蒸发端温度稳定性好。

10. 综合考虑，高浓度的相变微胶囊流体在较大的倾角和较大的加热功率时，脉动热管传热效果最好。

7 HFE-7100 脉动热管的传热性能及对比分析

7.1 实验系统 ⟫⟫⟫

脉动热管实验系统如图 7-1 所示，整体实验系统包括脉动热管主体及其配件，加热系统、冷却系统、真空系统与数据采集系统。其中配件由不锈钢材质管段与二通球阀组成，用于将脉动热管主体与其他试验设备连接；加热系统由镍铬加热丝、变压器、功率计组成，镍铬加热丝性能优良，耐高温，变压器调节电压用以控制镍铬加热丝的发热量，采用功率计进行加热功率的实时监测，确保试验工况的准确性；冷却系统为低温恒温水槽，产生循环且恒定温度的冷却水至冷却水箱中，保证冷凝端的性能；真空系统由真空泵与气液分离器组成，用以营造脉动热管所需的内部真空环境，气液分离器将工质的气液两相分开，确保了真空泵的使用寿命；将热电偶分别布置于脉动热管的指定位置，经由数据记录仪连接至电脑，实时监测脉动热管的实验情况。

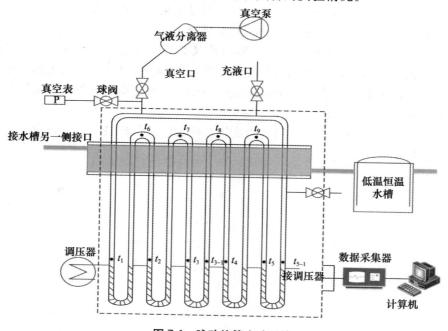

图 7-1 脉动热管实验系统

脉动热管尺寸及热电偶分布图如图 7-2 所示。

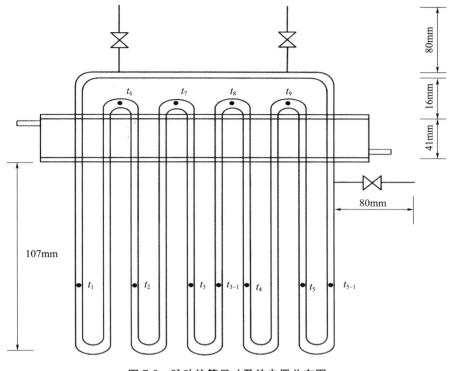

图 7-2 脉动热管尺寸及热电偶分布图

7.2 HFE-7100 脉动热管性能分析 ▷▷▷▷

▶▷ 7.2.1 加热长度对温度脉动的影响

图 7-3 为 HFE-7100 脉动热管在充液率 50%、倾角为 90°情况下，不同加热端-冷凝端长度比的温度变化曲线，图 7-3 中的数值为热流密度，单位为 W/cm^2。由图 7-3 可知，在长度比为 0.4 的情况下，HFE-7100 脉动热管温度脉动曲线平稳，蒸发端温度随热流密度增大而增大，冷凝端温度变化程度较小；而在加热端-冷凝端长度比为 0.8 及以上时，随着热流密度的不断增大，HFE-7100 脉动热管在经过短暂的剧烈振荡后，重新趋于稳定，并能在较低的温度区域内稳定运行，且随着加热端-冷凝端长度比的增加，HFE-7100 脉动热管更早地发生了温度的突变；此外还观察到冷凝端温度随热流密度增大而明显增大的现象，长度比为 0.8 时开始观察到明显的温升，后随着长度比的增加，温升越来越明显，这是由于随着长度比的增加，热输入量不断增加，因此在相同热流密度情况下，工质温度随长度比的增加而增加，此外长度比的增加使得蒸发端与冷凝端距离缩短，工质受热后有着更短的流动距离，因此工质可以保持较高的温度流入冷凝端。

从工质角度考虑，HFE-7100 脉动热管不仅具有较小的黏度，同时汽化潜热与沸点均较低，使得 HFE-7100 脉动热管在运行过程中具有较高的汽化程度与冷凝程度，有助于工质的相变传热。随着热流密度的增加，输入的能量增大，工质的相变传热的程度增强，加热长度比为 0.4 时，热流密度增加到 $2.6W/cm^2$，输入的能量使工质发生剧烈的气液相变，工质的流动传热能力发生极大的变化，工质在脉动热管内的流动速度变快，都有助于提升脉动热管的传热能力。在该热流密度之后，脉动热管的传热能力明显增强，并且随着热流密度的增加，脉动热管的蒸发端温度变化很小。当加热端-冷凝端长度比增加时，加热长度的增加和加热工质的增多，导致热量输入的快速增加，因此，脉动热管内工质发生剧烈相变的过程提前，脉动热管能更早地进入到传热能力强的阶段，温度突变的热流密度降低。蒸发端占比过大会使蒸发端的压力偏高，工质的回流能力减弱。

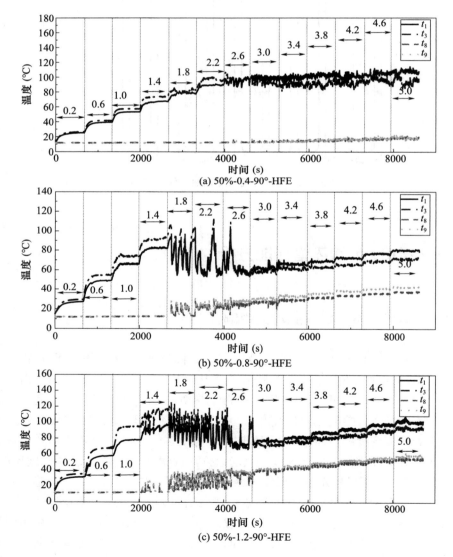

(a) 50%-0.4-90°-HFE

(b) 50%-0.8-90°-HFE

(c) 50%-1.2-90°-HFE

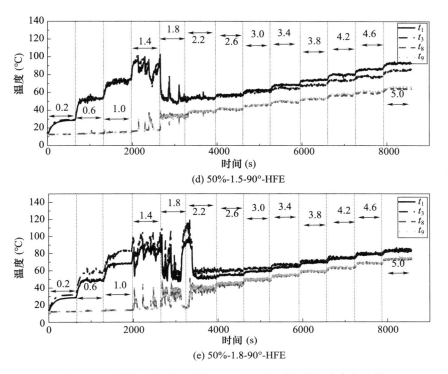

(d) 50%-1.5-90°-HFE

(e) 50%-1.8-90°-HFE

图 7-3　不同长度比情况下的 HFE-7100 脉动热管温度变化曲线

7.2.2　倾角对温度脉动的影响

图 7-4 为长度比 0.4/0.8 情况下，倾角为 60°/30°时 HFE-7100 的温度脉动曲线，图 7-3（a）与图 7-3（b）相比，在长度比为 0.4 情况下，脉动热管并未出现如 90°时的保持在某一温度附近脉动，而是随热流密度增大，蒸发端的温度升高；当长度比为 0.8 时，倾角为 90°时脉动热管温度突变时间明显早于倾角为 60°/30°时，且温度突变的幅度也较小。这是由于倾角的增大可以增加重力对脉动热管的作用，改善工质回流性能，同时增大热管内部不同管段之间的压力不平衡，使得脉动热管内工质的循环得到改善，优化脉动热管性能。

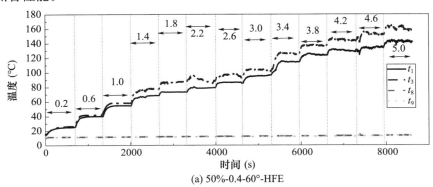

(a) 50%-0.4-60°-HFE

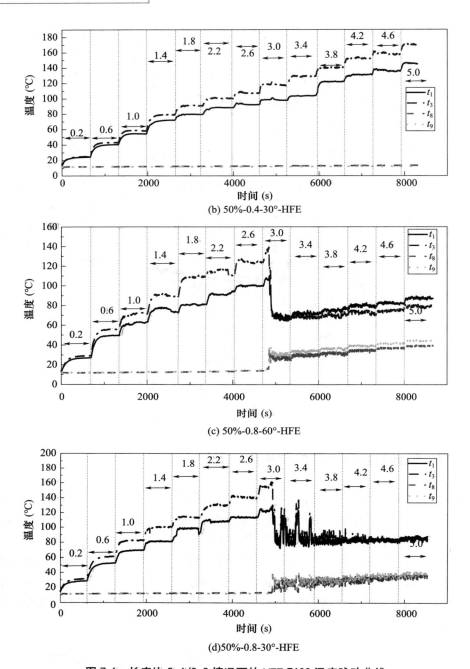

(b) 50%-0.4-30°-HFE

(c) 50%-0.8-60°-HFE

(d)50%-0.8-30°-HFE

图 7-4 长度比 0.4/0.8 情况下的 HFE-7100 温度脉动曲线

图 7-5 为长度比 1.2/1.8 情况下，倾角为 60°/30°时 HFE-7100 的温度脉动曲线，图 7-3（c）与图 7-3（e）相比，长度比为 1.2 时倾角为 90°时，更早地出现温度的脉动，但温度突变对应的热流密度低于倾角为 60°/30°的情况，当长度比为 1.8 时，情况与 1.2 长度比类似，但时间上的变化明显早于长度比 1.2 情况下的变化，这表明随着热输入量的增加，倾角对脉动热管产生的影响逐渐减弱，同时观察到突变稳定后 90°时的温度脉动曲线反而具有较小的温度波动。这是由于倾角的增大有助于工质从冷凝端回流至蒸发

端，使得温度呈现出低幅度高频率的脉动形式，但随着热输入量的增加，脉动热管内部的循环驱动力增大，倾角对管内压力脉动的影响弱化。

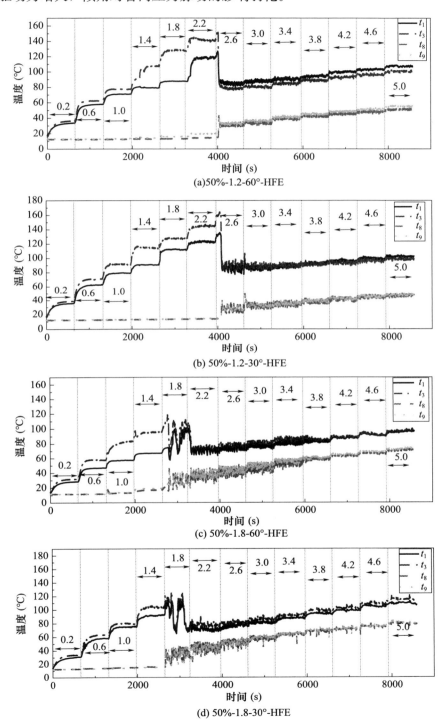

图 7-5　长度比 1.2/1.8 情况下的 HFE-7100 温度脉动曲线

▶▷ 7.2.3　加热长度对传热性能的影响

图 7-6 是脉动热管在 50% 充液率情况下，不同蒸发-冷凝长度比与不同倾角下的稳定运行蒸发端平均温度图。由图 7-6 可知，长度比为 0.4 时，蒸发端平均温度与其他长度比变化趋势并不相同，并未出现拐点，并随着热流密度的增加逐渐超过其他长度比情况，这是由于该长度比情况下，在一定的热流密度下，总的热量输入低，被加热的工质量也少，工质的循环动力低于其他加热长度情况；与其余四种长度比蒸发端平均温度的变化趋势一致。

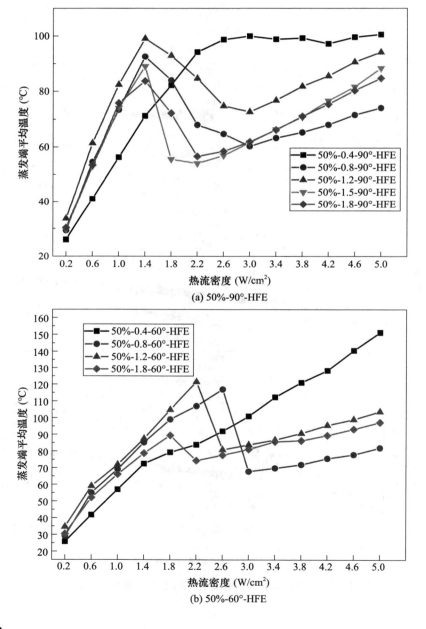

(a) 50%-90°-HFE

(b) 50%-60°-HFE

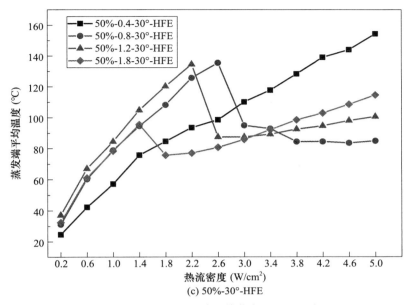

图 7-6　HFE-7100 脉动热管蒸发端平均温度

　　图 7-7 是脉动热管在 50％充液率情况下，不同蒸发端-冷凝端长度比下的稳定运行脉动热管平均温差图。可以看出长度比为 0.4 时，90°倾角下，脉动热管的温差随着热流密度的增大先增大后趋于平缓，这是由于脉动热管内工质在热流密度为 2.6W/cm² 时出现了急剧相变，传热效果明显提升，蒸发端温度保持在一定值附近，温差也表现出平缓趋势。60°和 30°倾角下，工质运行过程中未出现剧烈脉动的过程，传热效果不好，热量不能有效传递，蒸发端温度高，温差随热流密度增大而逐步变大；在其他长度比情况下，平均温差曲线与蒸发端温度曲线相比，变化趋势近似，说明对 HFE-7100 来说，冷凝端可能对脉动热管性能影响不明显。

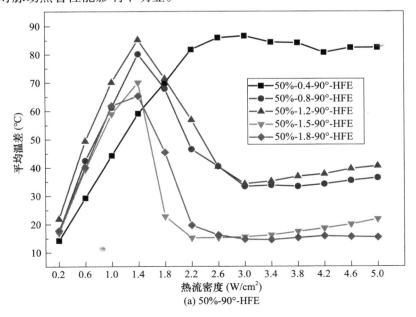

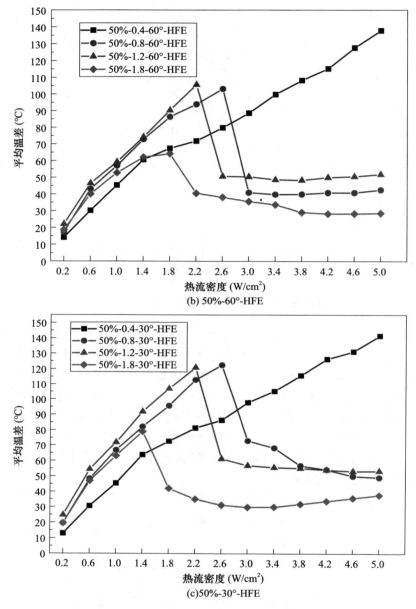

(b) 50%-60°-HFE

(c)50%-30°-HFE

图 7-7　不同长度比情况下的 HFE-7100 脉动热管平均温差

　　图 7-8 是脉动热管在 50％充液率情况下，不同蒸发端-冷凝端长度比下的 HFE-7100 稳定运行脉动热管热阻图。由图 7-8 可知，三种倾角情况下，脉动热管的稳定运行热阻均随长度比增加而减小。从热阻大小分析，长度比为 0.4 时，热阻明显高于长度比为 0.8/1.2/1.5/1.8 时的热阻，结合前述分析，长度比为 0.4 时，加热功率偏小，热输入量偏小，温差较小，随着热流密度的增大，热量相对增加，但传热能力差，温差过大导致热阻偏大；其他长度比条件下，随着热流输入密度的增加，工质的运行情况明显增强，传热能力提升，热阻快速下降并趋于平缓。

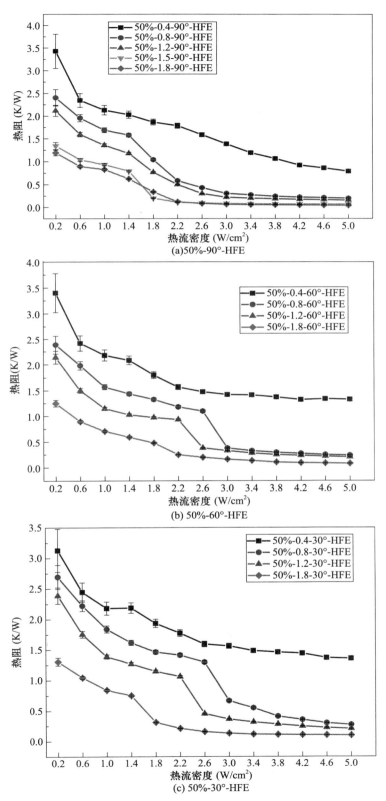

图 7-8　不同长度比情况下的 HFE-7100 脉动热管运行热阻

▶▶ 7.2.4 倾角对传热性能的影响

图 7-9 为脉动热管在 50% 充液率情况下，不同倾角情况下的 HFE-7100 稳定运行热阻图。

在所有长度比情况下，脉动热管的运行情况都遵循倾角的增加有利于脉动热管运行这一规律。这是因为倾角的增加可以增强重力对脉动热管工质循环的作用力，从而提高工质的回流能力。当脉动热管处于较高的倾角时，工质在重力作用下更容易从冷凝端回流到蒸发端，形成有效的循环，进而降低热阻。但在五种蒸发端-冷凝端长度比情况下，三种倾角对应的稳定运行热阻差距不大，尤其是在较高的输入热流密度情况下，当输入热流密度接近于 $5W/cm^2$ 时，不同倾角之间的热阻差距约为 $0.05K/W$。

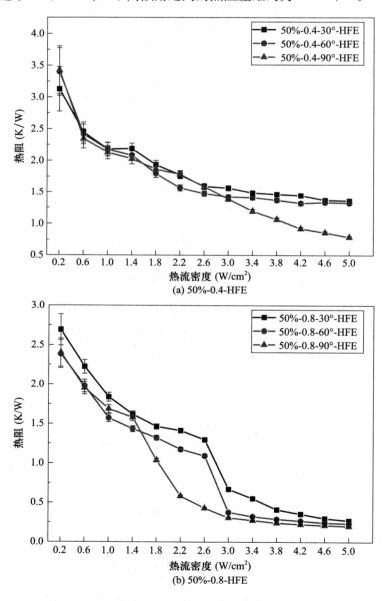

(a) 50%-0.4-HFE

(b) 50%-0.8-HFE

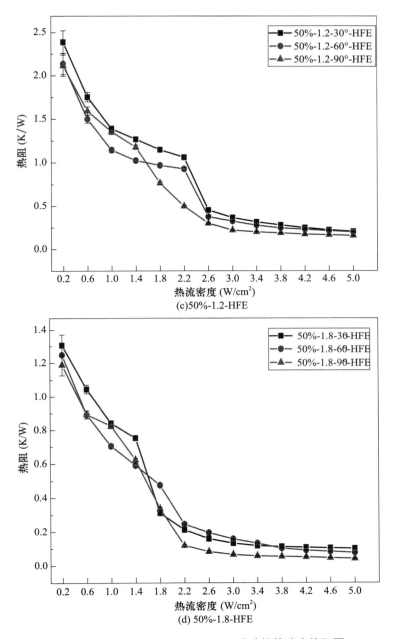

(c)50%-1.2-HFE

(d) 50%-1.8-HFE

图 7-9　不同倾角情况下 HFE-7100 脉动热管稳定热阻图

　　图 7-9 中长度比为 0.4、90°倾角情况下，当热流密度增加到 2.6W/cm² 时，脉动热管内工质发生了剧烈相变，工质的循环动力增加，传热效果大幅提升，热端输入的能量能很快地传输到冷凝端，尽管能量输入持续增加，但蒸发端温度保持在一定温度值范围内，在某一温度附近稳定脉动，温差明显小于倾角为 60°和 30°的情况。在长度比为 0.4 时，重力对脉动热管运行的促进作用更为明显。工质 HFE-7100 的密度大，为水的 1.5 倍，重力作用大。在较小的长度比情况下，脉动热管的热输入量较小，加热的工质量少，工质相变产生的运行驱动力有限，重力的促进作用更为重要。

7.3　水脉动热管性能分析 ►►►►

►► 7.3.1　加热长度对温度脉动的影响

图 7-10 为水脉动热管在充液率 50％、倾角为 90°情况下，长度比为 0.4/0.8 的脉动热管温度变化曲线。与图 7-10 相比，长度比为 0.4 时，脉动热管较晚出现温度的突变与大幅脉动，且在温度突变之前就已出现长时间的不稳定小幅脉动，温度突变后整体脉动幅度较大，相比于图 7-10 脉动情况，长度比为 0.4 时并不稳定。这是由于过低的长度比使得工质的受热量与受热的工质量均偏小，导致蒸发端温度与压力偏小，因此工质需要积蓄更多的热量以支持脉动热管的运行，又由于循环动力有限，故出现突变后温度长时间的大幅脉动，蒸发端温度并没有出现下降趋势。长度比为 0.8 时情况优于长度比为 0.4 的情况，出现温度的突变与大幅脉动的时间更早，但当热流密度达到 $3.0W/cm^2$ 时，温度大幅脉动后出现了温度的大幅降低，达到了稳定运行的状态，工质循环方向为逆时针方向。

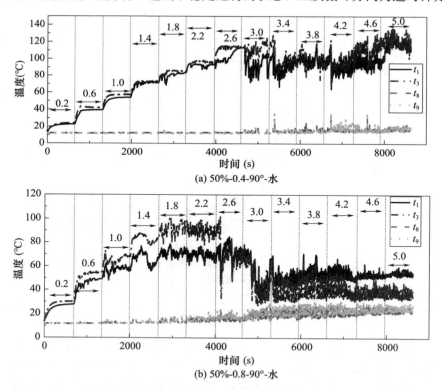

图 7-10　长度比为 0.4/0.8 的水脉动热管温度变化曲线

图 7-11 为水脉动热管在充液率 50％、倾角为 90°情况下，加热端-冷凝端长度比为 1.2/1.5/1.8 的温度变化曲线。在 3 种长度比情况下，热流密度均在 $1.0~W/cm^2$ 时蒸发端温度出现剧烈振荡，脉动温度整体降低，脉动热管运行情况整体变好。与加热长度比

为 0.4/0.8 的情况相比，温度剧烈振荡的起始热流密度提前，加热长度比的增加有助于脉动热管更早地进入良好的运行状态。长度比为 1.2/1.5 的情况下，水的温度脉动曲线平稳，蒸发端温度随热流密度增大而升高，但增长速度较为缓慢，冷凝端温度变化程度较大，且在运行过程中多次出现蒸发端温度降低至接近冷凝端温度的情况，这是由于脉动热管运行过程中流动方向的改变；加热端-冷凝端长度比为 1.8 的情况下，脉动热管蒸发端温度大幅振荡后稳定运行，运行方向为逆时针方向，蒸发端温度曲线与冷凝端温度曲线接近，由于温度测点所在的脉动热管竖向管路中，工质从冷凝端回流至蒸发端，该长度比下，蒸发端测点与冷凝端距离近，蒸发端温度与冷凝端测点温度接近。

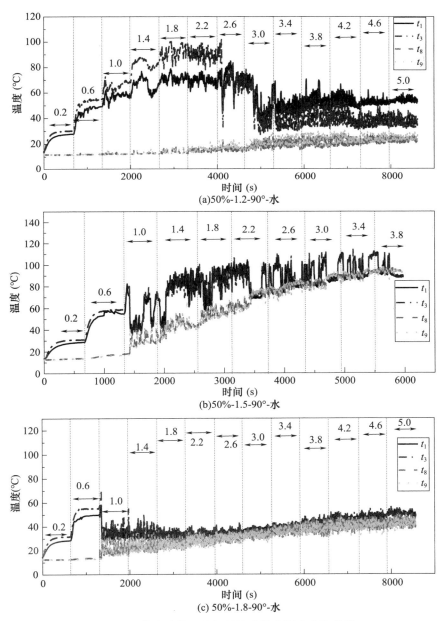

图 7-11 长度比为 1.2/1.5/1.8 的水温度变化曲线

▶▶ 7.3.2 加热长度对脉动热管传热性能的影响

图 7-12 为不同长度比情况下，以水为工质的脉动热管运行热阻图。从图 7-12 中看出，长度比为 0.4 时热阻高于其他长度比。结合图 7-13 分析，长度比为 0.4 时，脉动热管运行过程中，低热流密度范围蒸发端温度偏低，温差偏小，随着热输入量的增加，温差变大，整体热输入量较小，热阻偏高。整体来看热阻随热输入量增大以及加热端-冷凝端长度比增大而减小的趋势，长度比的增加使得脉动热管更早地进入到良好的运行传热阶段，传热效果提升，两端平均温差减小，热阻降低。

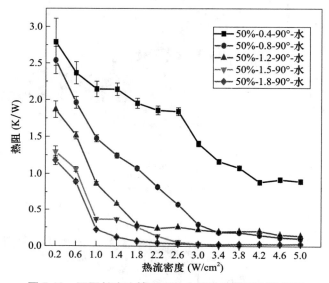

图 7-12 不同长度比情况下的水脉动热管运行热阻图

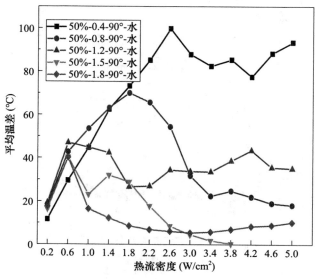

图 7-13 不同长度比情况下的水脉动热管平均温差

▶▶ 7.3.3 充液率对脉动热管传热性能分析的影响

图 7-14 为水脉动热管在不同充液率情况下，蒸发端-冷凝端长度比为 1.2 的稳定运行热阻图。由图 7-14 可知，随着热流密度的增加，热阻呈下降趋势并趋于稳定。脉动热管的运行热阻受到充液率的影响不明显，充液率为 30％时，由于工质充灌量较少，参与传热的工质量少，传热效果稍差，热阻偏高。

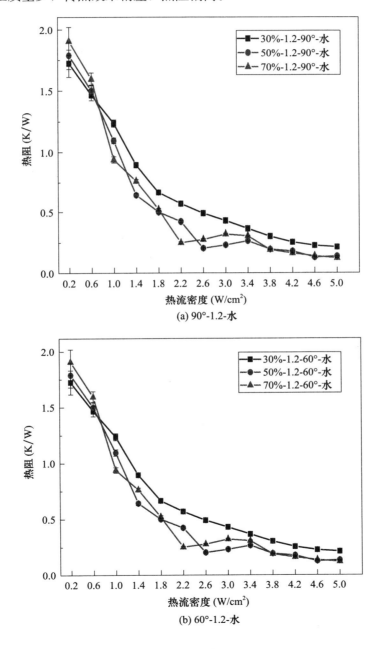

(a) 90°-1.2-水

(b) 60°-1.2-水

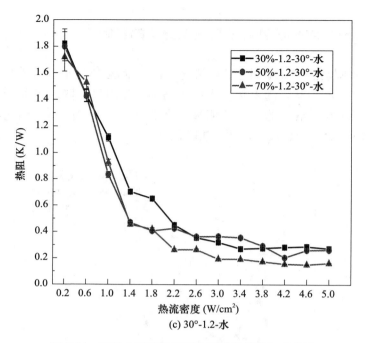

(c) 30°-1.2-水

图7-14　不同充液率情况下水脉动热管热阻曲线图

图 7-15 为水脉动热管在不同充液率情况下，蒸发端-冷凝端长度比 1.2 与不同倾角下的稳定运行平均温差曲线。可以看出，相比于图 7-13，图 7-14 变化较为频繁，但整体仍然遵循随热流密度增大而先增大后趋于平稳的变化趋势。这是由于脉动热管在运行过程中工质的流动并非始终沿单一方向进行，而是随着温度和压力的变化而不断变化，存在流动方向的改变，使得对应热流密度的平均温差出现较大的波动。

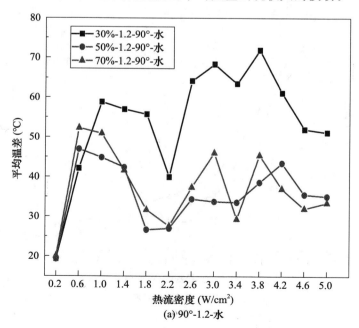

(a) 90°-1.2-水

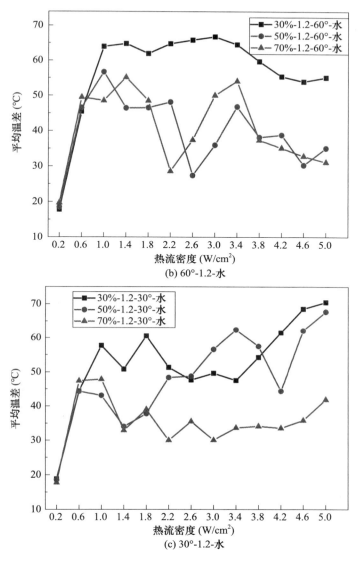

(b) 60°-1.2-水

(c) 30°-1.2-水

图 7-15 不同充液率情况下水脉动热管平均温差曲线

7.4 HFE-7100 与水脉动热管传热性能对比分析 ▷▷▷

长度比为 0.4 时，HFE-7100 与水的热阻较为接近，但 HFE-7100 略低于水。这是由于在该工况下，加热的工质量少，热输入量较少，提供给工质的驱动力弱，在较高的热流密度下，HFE-7100 和水才出现温度的剧烈脉动，且水出现剧烈脉动的时间晚于HFE-7100，两种工质整体运行情况不好。在低热量输入情况下，HFE-7100 较低的沸点、汽化潜热、黏度等具有一定的优势，但是低加热长度不利于工质的运行。

图 7-16 为不同长度比情况下水与 HFE-7100 稳定运行热阻对比。由图 7-16 可知，长度比为 0.8 时，水与 HFE-7100 二者热阻呈现交错变化趋势，这是由于 HFE-7100 与水的温度突变时间不同导致的，HFE-7100 在热流密度为 1.8W/cm^2 时产生温度突变，而水的温度突变则是发生在 3W/cm^2，脉动热管温度发生剧烈变化后，传热能力明显提升，蒸发端温度显著降低，水的沸点和汽化潜热大，在高热流密度范围，能够提供的循环动力明显增强，水表现出好的传热性能，传热热阻低于 HFE-7100。

长度比 1.2、1.5 与 1.8 时，充液率 50％情况下，倾角 90°对应工况的水与 HFE-7100 稳定运行热阻对比。高加热长度，使输入能量得以快速增加，提供工质运行的动力，使脉动热管能更早地进入到更好的运行过程。由图 7-16 可知，在低热流密度的情况下，HFE-7100 的热阻与水十分接近，在高长度比下，能快速获得输入能量，提供循环运行的动力，水的热阻比 HFE-7100 更早地出现下降，更早地进入到良好的运行状态。HFE-7100 的物理特性，较低的表面张力与较高的饱和压力温度梯度，使得在高长度比情况下，HFE-7100 的蒸发端压力会上升明显，不利于工质的回流，同时水的潜热远大于 HFE-7100，在高热流密度下有利于相变传热。

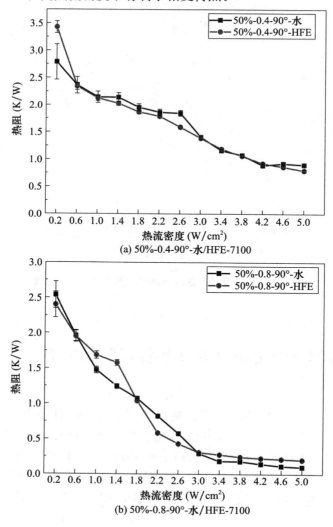

(a) 50%-0.4-90°-水/HFE-7100

(b) 50%-0.8-90°-水/HFE-7100

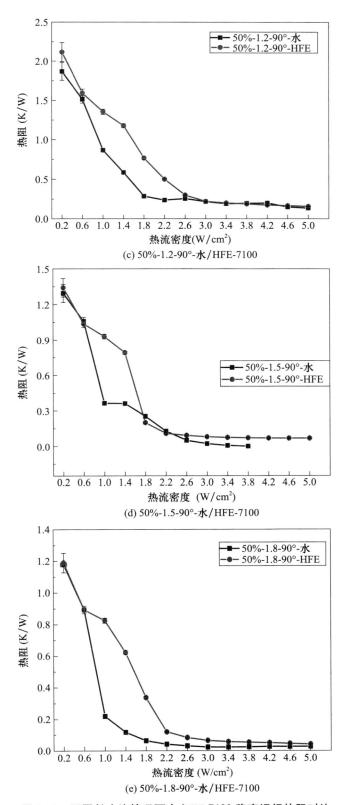

(c) 50%-1.2-90°-水/HFE-7100

(d) 50%-1.5-90°-水/HFE-7100

(e) 50%-1.8-90°-水/HFE-7100

图 7-16　不同长度比情况下水/HFE-7100 稳定运行热阻对比

　　图 7-17 为不同长度比情况下水与 HFE-7100 稳定运行平均温差对比。可以看出长度比为 0.4 时，水与 HFE-7100 的温差较为接近，随着长度比的增大，HFE-7100 的温差呈现出在低热流密度时与水接近，后随着热流密度的增大逐渐高于水又接近于水的变化趋势。这是由于 HFE-7100 的汽化潜热明显低于水，在相变传热过程中，潜热换热量大，而在低热流密度范围，由于能量输入少，相变换热的强度弱。随着热流密度的增大以及加热长度的增大，热输入量增加，工质相变换热能力增强，水为工质的脉动热管传热能力高于 HFE-7100，温差低于 HFE-7100。

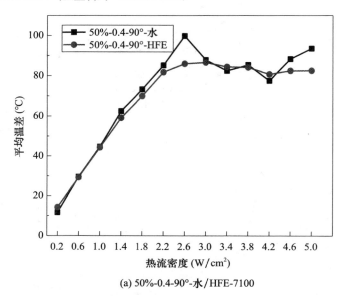

(a) 50%-0.4-90°-水/HFE-7100

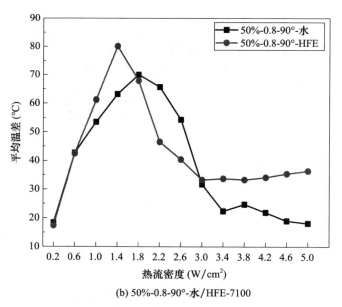

(b) 50%-0.8-90°-水/HFE-7100

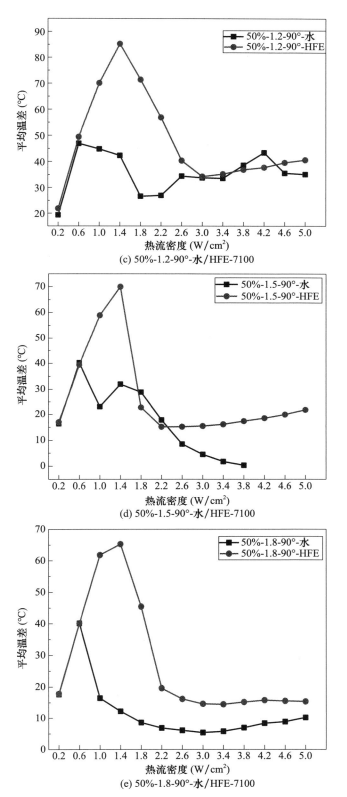

图 7-17　不同长度比情况下水/HFE-7100 稳定运行平均温差对比

7.5 本章小结 》》》》

　　本章针对氟代醚及水脉动热管运行特性进行了实验研究分析，以 HFE-7100 与水为工质，以二者的热物理性质为基础，对脉动热管的传热特性进行展开分析。通过调整工质种类、热流密度、倾角等实验运行参数，对 HFW-7100 以及水脉动热管的稳定运行性能进行分析，以热阻及蒸发端温度变化等作为指标评价脉动热管的性能，分析得出了不同工况下的工质选择以及脉动热管性能变化情况。HFE-7100 与水脉动热管传热特性主要结论如下：

　　1. 在所有长度比情况下，HFE-7100 的运行热阻在低热流密度时均与水接近，随热流密度增大时逐渐升高至大于水。

　　2. 倾角通过影响重力的分力进而对脉动热管的运行产生影响，倾角越大，工质回流时受到的重力分力越大，越容易回流到蒸发端，增大传热极限，但长度比对脉动热管的运行热阻的影响强于倾角对脉动热管运行的影响。

　　3. 对不同长度比情况下的工质的选择，应以热输入量为选择依据，低热输入量时可以选择低沸点工质，但当热输入量较高时应选择高沸点工质以使脉动热管具有更宽广的工作区间与更稳定的热性能。

　　4. 脉动热管的运行热阻与运行温度一样表现出明显的阶段性，即长度比为 0.4 时脉动热管的运行性能与其他长度比并不相同，说明较低的热输入量与受热面积对脉动热管的运行情况是不利的。

　　5. 热输入量可以弱化倾角对脉动热管的影响，倾角的大小反映了作用于脉动热管内部工质的重力大小，重力可以帮助工质回流，利于工质循环，而热输入量的增加可以更加显著地增大工质循环的驱动力，因此倾角在高热输入量情况下对脉动热管产生的影响较小。

8 脉动热管混沌分析

脉动热管运行过程中往往伴随着复杂、不稳定的气液两相流动，影响着脉动热管的运行和传热性能。为分析研究脉动热管运行机理，本章采用混沌分析理论对脉动热管的运行进行混沌特征分析。用坐标延迟法对脉动热管温度时间序列进行相空间重构，通过关联积分法（C-C 算法）和饱和关联维数法（G-P 算法），得到时间序列的最佳延迟时间和嵌入维数。

8.1 混沌理论 ▶▶▶

▶▶ 8.1.1 混沌的概念

1975 年，Yoke 和他的学生第一次对混沌的概念进行解释。混沌系统是指进行一种具有复杂内部秩序的有序运动的确定性系统，但是这种系统看上去是类似随机的不规则运动。其行为表现为不确定性和长期不可预测性等一系列的混沌现象，在非线性动力学中普遍存在，采用混沌理论探讨动态系统必须采用整体关系解释和预测的行为，而非采用单一的数据关系系统。

▶▶ 8.1.2 混沌时间序列

混沌时间序列即为混沌系统中一组单个参数随时间顺序变化的值，Takens 认为动力系统中任一个变量随时间的变化受其他变量影响，其中隐藏了动力系统的全部运行规律。采用非线性动力学的研究方法对一维时间序列进行研究，可以分辨系统的混沌特性，确定相空间参数并进行相空间重构，刻画原动力系统特征，还可以揭示出动力系统中隐藏的运行规律，预测混沌动力学系统的演化，对系统提前进行控制和预防。

▶▶ 8.1.3 相空间重构

为将时间序列中隐藏的特征信息展现出来，Takens 等提出了坐标延迟法将原动力系统重建为低阶非线性动力系统。基本原理如下：

对于测量的一维时间序列（原有）$\{x(i), i=1, 2, \cdots, N\}$，通过选取不同的嵌入维数（要用的相空间的维数）$m$ 和延迟时间 τ，重构后的相空间矢量：

$$y_i = (x_{(i)}, x_{(i+\tau)}, \cdots, x_{(i+(m-1)\tau)}), \quad 1 \leqslant i \leqslant M \tag{8-1}$$

其中，N 为时间序列长度，$y_{(i)}$ 为相空间的相点，相点个数为 $M = N - (m-1)\tau$。

相空间重构是混沌分析的主要研究手段，Takens 定理认为，只要对嵌入维数和延迟时间进行合理的选择，就认为重构后的相空间保留了原动力系统的拓扑特征。对于理想时间序列，嵌入维数 m 足够大时延迟时间 τ 可以随意选取。但在实际计算时，时间序列通常有一定长度并且存在噪声，因此嵌入维数和延迟时间两个参数的选取很重要。

8.2 最佳延迟时间和最佳嵌入维数的计算方法 ▶▶▶▶

为准确描述脉动热管系统动力特征，揭示其变化规律，对最佳延迟时间和最佳维数进行了计算。关于相空间重构的两个参数的选取，一种观点认为与两个参数独立无关，分别使用不同的计算方法得到，如嵌入维数可以通过 G-P 算法、FNN 法等方法得到，延迟时间可以使用互信息法、自相关法等方法确定；另一种观点则认为嵌入维数和延迟时间不能分开计算，如时间延迟自动算法和关联积分法（C-C 算法）等。

金宁德计算了洛伦兹方程提取的 x 时间序列的延迟时间，对于无噪声时间序列，几种计算延迟时间的算法都比较稳定。在抗噪能力方面，在洛伦兹时间序列中加入高斯噪声后发现，在不同强度噪声的影响下，互信息法计算的延迟时间不稳定，并且受序列长度影响大；自相关法属于线性相关的算法，计算的延迟时间比较稳定，但是随噪声强度的增大数值降低；C-C 算法在抗噪性能良好，容噪能力为 30%。C-C 算法还具有可操作性强、对小数据组可靠的优点，是选取延迟参数实用性较强的一种算法，因此本章使用 C-C 算法计算延迟时间 τ。

由于实际中 C-C 算法计算出的几个极小点与最小点的数值很接近，会对最小点的读取造成干扰，影响了嵌入维数的选取，本章选择使用饱和关联维数法（G-P 算法）计算嵌入维数 m。

▶ 8.2.1 关联积分法（C-C 算法）

1999 年 H. S. Kim 等提出了关联积分法计算最佳嵌入维数 m 和延迟时间 τ。对于相空间重构向量：

$$y_i = (x_{(i)}, x_{(i+\tau)}, \cdots, x_{(i+(m-1)\tau)}), \quad 1 \leqslant i \leqslant M \tag{8-2}$$

对于给定的邻域半径 r，首先计算出时间序列的关联积分：

$$C(m, N, r, \tau) = \frac{2}{M(M-1)} \sum_{1 \leqslant i < j \leqslant M} \theta(r - \| x_i - x_j \|_\infty) \tag{8-3}$$

式中 $\|x_i-x_j\|\infty$ 为相点 x_i 和相点 x_j 的距离，采用无穷范数计算；$\theta(\cdot)$ 为阶跃函数：

$$\theta(\cdot)=\begin{cases}0, & x\leqslant 0 \\ 1, & x\geqslant 0\end{cases} \tag{8-4}$$

定义时间序列的检验统计量：

$$S(m,N,r,\tau)=C(m,N,r,\tau)-C^m(m,N,r,\tau) \tag{8-5}$$

当 $\tau=1$ 时，时间序列为其本身：

$$S(m,N,r,1)=C(m,N,r,1)-C^m(1,N,r,1) \tag{8-6}$$

$\tau=2$ 时，存在两个子序列：

$$S(m,N,r,2)=\frac{1}{2}\{[C_1(m,N/2,r,2)-C_1^m(1,N/2,r,2)]+$$
$$[C_2(m,N/2,r,2)-C_2^m(1,N/2,r,2)]\} \tag{8-7}$$

对于一般的 τ：

$$S(m,N,r,\tau)=\frac{1}{\tau}\sum_{s=1}^{\tau}[Cs(m,N/\tau,r,2)-C_s^m(1,N/\tau,r,2)] \tag{8-8}$$

$N\to\infty$ 时，则：

$$S_1(m,r,\tau)=\frac{1}{\tau}\sum_{s=1}^{\tau}[Cs(m,r,\tau)-C_s^m(1,r,\tau)] \tag{8-9}$$

$S_1(m,r,\tau)-\tau$ 显示了时间序列的自相关性，如果时间序列服从独立分布，对于确定的嵌入维数 m 和延迟时间 τ，$N\to\infty$ 时，$S_1(m,r,\tau)\equiv 0$。但实际采集的时间序列长度有限且有一定的关联性，通常 τ_d 可选择 $S_1(m,r,\tau)-\tau$ 的第一个零点，或对所有半径 r 互相差别最小的点，此时重构相空间中的点分布均匀，吸引子轨道在相空间完全展开。将最大和最小半径 r 对应的 $S_1(m,r,\tau)$ 差量定义为：

$$\Delta S_1(m,\tau)=\max[S_1(m,r_i,\tau)]-\min[S_1(m,r_i,\tau)] \tag{8-10}$$

该量计算了 $S_1(m,r,\tau)$ 关于全部 r 的最大偏差，因此还可以选择 $\Delta S_1(m,\tau)-\tau$ 的第一个局部极小点为延迟时间 τ_d。根据 BDS 统计结论，一般选择 $N=3000$；$m=[2:5]$；$r_i=\sigma/2$；$i=[1:4]$；σ 为时间序列的标准差，计算统计量：

$$\overline{S}(\tau)=\frac{1}{16}\sum_{m=2}^{5}\sum_{j=1}^{4}S_1(m,r_i,\tau) \tag{8-11}$$

$$\Delta\overline{S}(\tau)=\frac{1}{4}\sum_{m=2}^{5}\Delta S_1(m,\tau) \tag{8-12}$$

大多数研究者认为最佳时间延迟，不应该选择 $\overline{S}(\tau)$ 的第一个零点，只需要考虑 $\Delta\overline{S}(\tau)$ 的第一个局部极小点即可，C-C 算法计算最佳延迟时间的流程图如 8-1 所示。

考察洛伦兹混沌系统的 x 分量，参数取常用值 $\sigma=16$，$r=45.92$，$b=4$，初始值 $[x,y,z]=[-1,0,1]$，除去暂态过程，使用后面 3000 个数据，积分步长设为 0.01。采用 C-C 算法对洛伦兹混沌系统 x 分量的延迟时间进行计算，结果如图 8-2 所示。

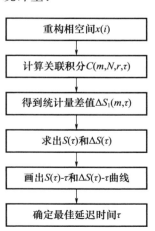

图 8-1 C-C 算法流程图

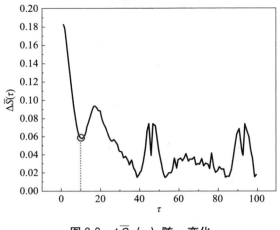

图8-2 $\Delta \overline{S}$（τ）随 τ 变化

在图 8-2 中，$\Delta \overline{S}$（τ）的第一个极小值点在 $\tau=10$ 时获得，故洛伦兹系统 x 分量的最佳延迟时间为 $\tau=10$。

8.2.2 饱和关联维数法（G-P 算法）

奇异吸引子的存在是混沌运动的主要特征之一，而吸引子的维数则是描述它的基本数学量。关联维数是一种常见的奇异吸引子维数，反应了它包含的复杂结构和吸引子拥有的信息量。近年来，发展了许多方法用来计算实验数据中的分维，应用最广泛的是 G-P 算法，基本思想如下：

对于重构后的向量，选定一个邻域半径 r，定义关联积分

$$C(m,r) = \frac{2}{M(M-1)} \sum_{1 \leqslant i \leqslant j \leqslant M} \theta(r - \| x_i - x_j \| \infty) \tag{8-13}$$

累积分布函数 C（m，r）表示了相空间中 x_i 和 x_j 相点距离小于邻域半径 r 的概率，$r \to 0$ 时，有 C（m，r）$\propto r^D$，得到序列的关联维数

$$D = \lim_{r \to 0} \frac{\ln C（m，r）}{\ln r} \tag{8-14}$$

让嵌入维数 m 从小到大增加，计算出每个嵌入维数 m 与 r 对应的关联积分 C（m，r），画出 $\ln$C-$\ln$r 关系曲线图。图上每条（双）对数曲线中线性部分的斜率就是关联维数 D（m），关联维数随着嵌入维数的增加不再变化时对应的嵌入维数即为最佳嵌入维数，G-P 算法的流程图如 8-3 所示。

在实际应用中，一般根据情况通过试凑法、观察效果法来确定 d 的取值。凭借主观判断直线段，然后根据最小二乘法拟合直线具有较大的主观性；不同 r 值区间和步长对 $\ln$C-$\ln$r 曲线的斜率影响很大。为更好地确认无标度区间，本书首先选取较大的 r 值区间范围和较小的 r 变化步长，然后确定区间范围，改变 r 变化步长，通过计算每段 $\ln$C-$\ln$r 曲线

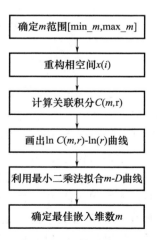

确定m范围[min_m,max_m]

↓

重构相空间$x(i)$

↓

计算关联积分$C(m,r)$

↓

画出 $\ln C(m,r)$-$\ln(r)$曲线

↓

利用最小二乘法拟合m-D曲线

↓

确定最佳嵌入维数m

图 8-3 G-P 算法流程图

的夹角，确定曲线最标准的无标度区间，然后计算出无标度区间的斜率 D（m）即关联维数，取嵌入维数达到饱和时的 m 为最佳嵌入维数 m。使用斜率判断无标度区间，当线段角度变化相同时，倾斜角度小的时候线段斜率的变化率很大，倾斜角度大的时候斜率的变化率很小，会干扰无标度区间的判断。用夹角 α 计算无标度区间的优势在于任何角度下夹角的变化程度是相同的，所以使用夹角判断无标度区间更客观和直观。

以前述洛伦兹数据为例，通过 G-P 算法对洛伦兹混沌系统 x 分量的最佳维数计算分析结果如图 8-4～图 8-6 所示。

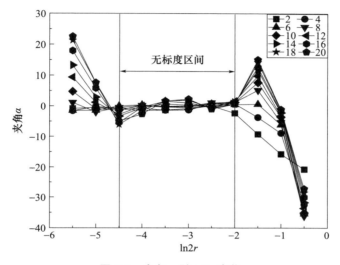

图 8-4　夹角 α 随 ln2r 变化

图 8-4 为计算的每段 ln2C（r）-2r 曲线的夹角，可以看出，ln2r 在 $[-4.5，-2]$ 区间内，所有曲线的夹角在 0°附近变化很小，因此选定这个区间作为无标度区间计算 ln2C（r）-2r 曲线斜率是合理的。

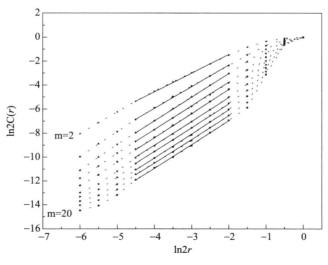

图 8-5　ln2C（r）-2r 曲线

图 8-5 是 $\ln 2C\ (r)$-$2r$ 变化曲线，根据夹角算定的无标度区间为 $[-4.5,\ -2]$，通过最小二乘法计算斜率，得到每个嵌入维数下的关联维数。

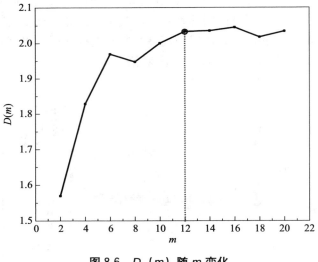

图 8-6 $D\ (m)$ 随 m 变化

图 8-6 是关联维数 $D\ (m)$ 随嵌入维数 m 的变化规律曲线，当嵌入维数 $m=12$ 时，关联维数达到饱和，基本不发生变化，因此洛伦兹系统 x 分量的嵌入维数 $m=12$。

8.3 脉动热管温度时间序列相空间重构 ⟫⟫⟫

根据脉动热管的运行机理，工质在脉动热管内形成一种典型的气液两相流动，动力学系统是复杂的、非线性的。不同工况下，气态和液态工质的相对质量、温度和流速不同，混沌特征也不相同。

▶▶ 8.3.1 加热功率对吸引子分布状态的影响

对倾角为 90°、质量浓度为 0.5% 和 1% 的相变微胶囊流体脉动热管蒸发端 T2 温度时间序列进行三维相空间重构，选取嵌入维数 $m=3$、延迟时间 $\tau=1$，图 8-7 和图 8-8 展示了吸引子分布状态随加热功率的变化，图中 t 为时间。

质量浓度为 0.5% 的相变微胶囊脉动热管温度运行稳定，从图 8-7 中可以看到，吸引子在所有加热功率下聚集程度都比较高。加热功率为 148W 时，大部分吸引子聚集在相空间，只有少量吸引子在相空间内聚集部分右上方的位置稍显分散，说明此时脉动热管温度较为稳定，只有短暂的较大幅度的脉动。随着加热功率的增大，吸引子占据相空间的体积减小，吸引子越来越紧密，脉动热管的运行更加稳定。如图 8-8 所示，质量浓度为 1% 的相变微胶囊脉动热管吸引子聚集程度比质量浓度为 0.5% 时低，当处于 170W 低加热功率运行时，脉动热管可以启动，但还未达到稳定状态，温度脉动的幅度很大。

从图 8-8（a）中可以看出，此时的吸引子在相空间中以斜带状分布，右上一部分较为聚集，周围较为分散。从图 8-8（b）到图 8-8（d），加热功率从 190W 逐渐增加至 230W，当加热功率为 230W 时，脉动热管达到了最佳稳定运行状态，呈现高频小幅脉动。这一过程中，脉动热管温度脉动幅度减小且趋于稳定，脉动热管开始向稳定运行状态发展，吸引子则在空间内从长条带状分布逐渐转变为团状聚集，聚集程度增强。继续增大加热功率到 270W，脉动热管保持稳定运行，吸引子的聚集程度和 230W 加热功率时基本一致。

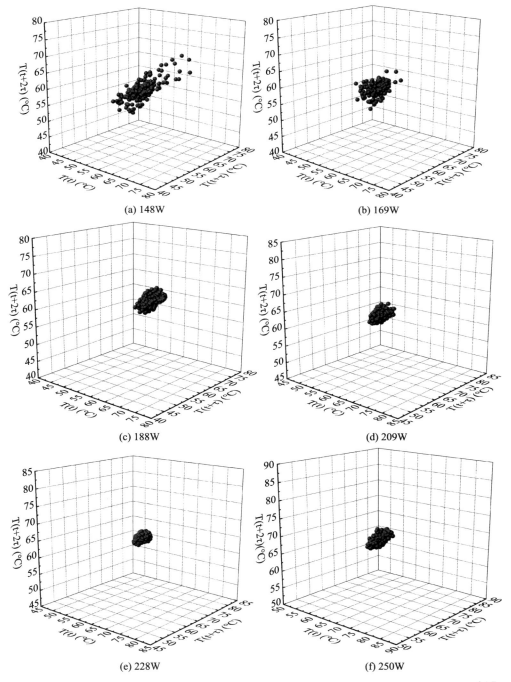

(a) 148W

(b) 169W

(c) 188W

(d) 209W

(e) 228W

(f) 250W

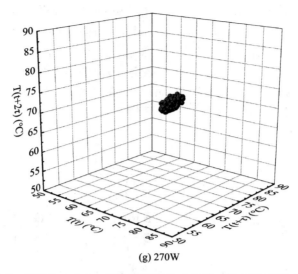

(g) 270W

图 8-7　质量浓度 0.5% 相变微胶囊脉动热管时间序列吸引子分布

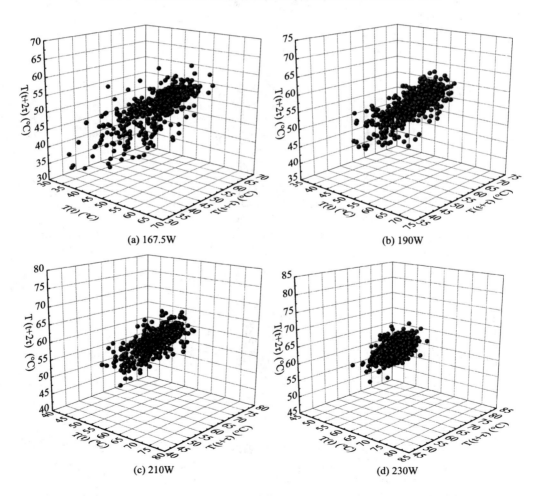

(a) 167.5W

(b) 190W

(c) 210W

(d) 230W

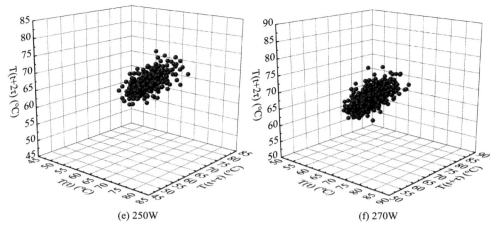

(e) 250W　　　　　　　　　　　　　(f) 270W

图 8-8　质量浓度 1% 相变微胶囊脉动热管时间序列吸引子分布

如图 8-8 和图 8-9 所示，吸引子分布状态与温度脉动情况有关，脉动热管稳定运行，温度脉动幅度小时，吸引子在相空间内愈加聚集。

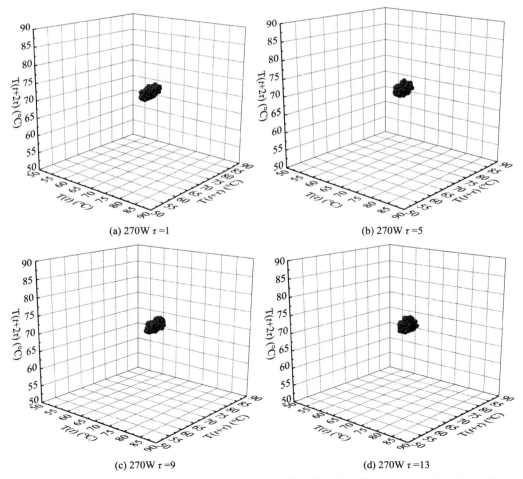

(a) 270W $\tau=1$　　　　　　　　　　　(b) 270W $\tau=5$

(c) 270W $\tau=9$　　　　　　　　　　　(d) 270W $\tau=13$

图 8-9　270W 加热功率下质量浓度为 0.5% 的微胶囊流体脉动热管时间序列三维相空间重构

▶ 8.3.2 延迟时间对吸引子分布状态的影响

延迟时间对相空间重构及运行数据的分析具有重要影响。延迟时间太短，会导致每个坐标元素下的时间序列数值接近，元素间的关联度太大以至于相空间中吸引子的轨迹出现压缩。延迟时间太长则会使各元素之间几乎没有关联。本节对 90°倾角时，加热功率为 270W、质量浓度为 0.5％的相变微胶囊流体脉动热管和 90°倾角时，加热功率为 167.5W、质量浓度为 1％的相变微胶囊流体脉动热管蒸发端温度 T2 的一维时间序列进行相空间重构。分析嵌入维数 $m=3$ 时延迟时间对吸引子分布状态的影响规律，如图 8-9 和图 8-10 所示。

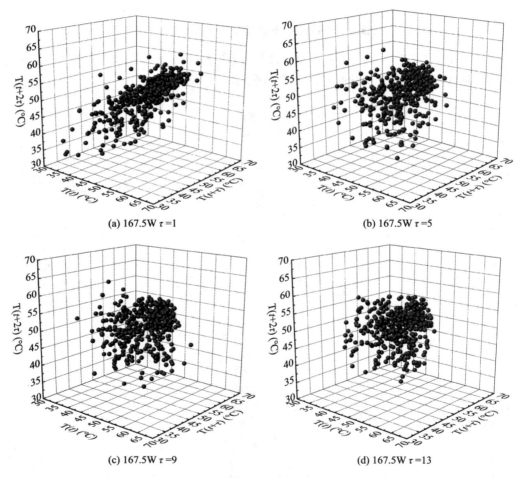

(a) 167.5W $\tau=1$　　　　　　　　(b) 167.5W $\tau=5$

(c) 167.5W $\tau=9$　　　　　　　　(d) 167.5W $\tau=13$

图 8-10　167.5W 加热功率下质量浓度为 1％的微胶囊流体脉动热管时间序列三维相空间重构

图 8-9 显示了 270W 加热功率下质量浓度为 0.5％的微胶囊流体脉动热管在不同延迟时间下三维相空间重构的吸引子分布情况。在加热功率为 270W 高加热功率下运行时，脉动热管运行稳定，温度脉动幅度小。从图 8-9（a）到图 8-9（d）可以看出，不同延迟时间下吸引子在相空间均呈现出紧凑的团状分布，说明此时相空间维数较小，时间

序列不能充分展开，三维相空间下不能明确观察到延迟时间对吸引子分布的影响。

如图 8-10 所示，加热功率为 167.5 W 时，质量浓度为 1‰ 的微胶囊流体脉动热管脉动幅度较大。当 $\tau=1$ 时吸引子在相空间中分布如图 8-10（a）所示，主要分布在右上方并呈现斜宽带状分布。当 $\tau=4$ 时吸引子在图 8-10（b）中呈现出较为分散的团状。继续增大延迟时间，从图 8-10（c）和图 8-10（d）中可以看到随着延迟时间的增加吸引子仍然呈现出相空间分散的团状，与当 $\tau=4$ 时的分布差别不大。说明延迟时间较少时元素之间关联性较大，增大延迟时间会改变吸引子分布状态。随着延迟时间的增加，元素之间的关联性减弱，延迟时间的改变对吸引子分布状态影响较小。

▶▶ 8.3.3 相空间重构最佳参数计算

将实验数据使用 8.2 小节的方法计算最佳延迟时间和嵌入维数，以 90°倾角时质量浓度为 1‰ 的相变微胶囊流体脉动热管在 190W 和 270W 加热功率下的蒸发端温度时间序列为例，计算结果如图 8-11～图 8-12 所示。

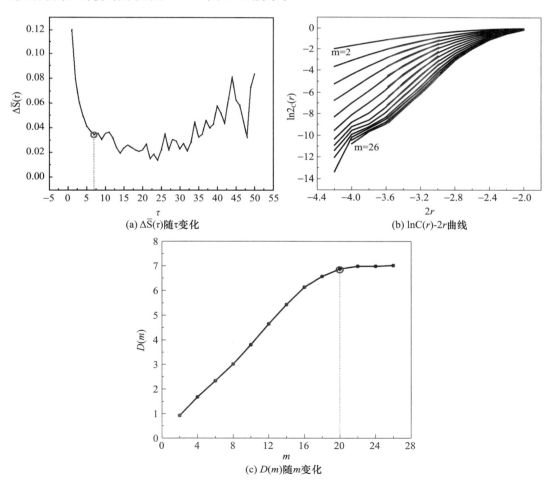

（a）$\Delta\overline{S}(\tau)$随τ变化

（b）$\ln C(r)$-$2r$曲线

（c）$D(m)$随m变化

图 8-11　加热功率为 190W 时参数的变化

可以看出，C-C算法和G-P算法可以计算出实验数据的最佳延迟时间和嵌入维数。如图 8-11（a）所示，采用C-C算法计算倾角为 90°、加热功率为 190 W 的 1% 质量浓度的相变微胶囊流体脉动热管的时间序列时，$\Delta \overline{S}(\tau)$ 的第一个极小值在 $\tau=7$ 时得到，该时间序列的最佳延迟时间 $\tau=7$。图 8-11（b）和 8-11（c）为 G-P算法计算的 $\ln C(r)\text{-}2r$ 曲线和 $D(m)$ 随 m 变化的趋势，该时间序列下的 $\ln C(r)\text{-}r$ 曲线在 $[-4.4，-3.8]$ 的 r 值区间内具有明显的线性无标度区间，并且在维数大于 20 后，直线的斜率趋于不变，因此该实验条件下温度时间序列的最佳嵌入维数为 20。同样地，可以在图 8-12 中观察到倾角为 90°、加热功率为 190W、质量浓度为 1% 的相变微胶囊流体脉动热管的时间序列的最佳延迟时间为 5，最佳嵌入维数为 22。

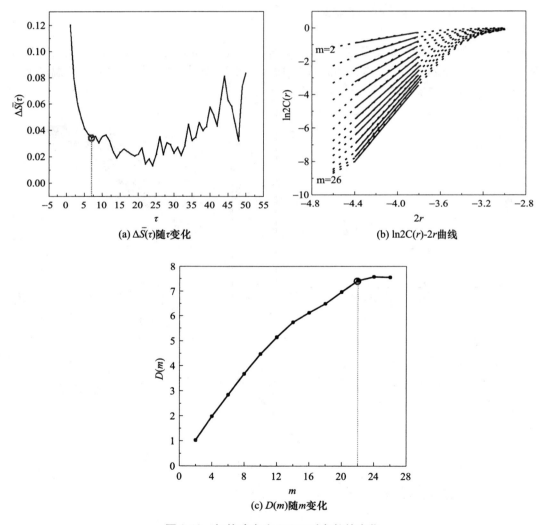

(a) $\Delta\overline{S}(\tau)$随τ变化

(b) ln2C(r)-2r曲线

(c) D(m)随m变化

图 8-12　加热功率为 210W 时参数的变化

将全部脉动热管蒸发端的温度时间序列按照上述计算方法和步骤计算最佳延迟时间和最佳嵌入维数，计算结果见表 8-1。

表 8-1　脉动热管最佳延迟时间（采样时间的倍数）和最佳嵌入维数计算结果

运行工况	加热功率（W）	测点	最佳延迟时间	最佳嵌入维数
超纯水 90°倾角	151	T2	11	8
	172	T2	6	16
	193	T2	4	20
	210	T2	5	17
	229	T2	4	14
	250	T2	6	17
	275	T2	6	17
相变微胶囊 质量浓度 0.5% 90°倾角	148	T2	6	13
	169	T2	3	17
	188	T2	2	23
	209	T2	5	25
	228	T2	2	24
	250	T2	5	17
	270	T2	3	27
相变微胶囊 质量浓度 1% 90°倾角	167.5	T2	7	15
	190	T2	7	20
	210	T2	7	23
	230	T2	7	25
	250	T2	5	24
	270	T2	5	22

由表 8-1 可知，所有工况下的脉动热管延迟时间在 2～11 范围内，嵌入维数在 8～25 范围内。可以看出，延迟时间大致呈现出随加热功率增大而减小的变化规律，而嵌入维数基本呈现随加热功率增大而增加的变化规律。结合前述分析可以看出，对于同一种工质来说，加热功率越大，对应的最佳延迟时间越短，嵌入维数越大，可能是较大的加热功率下工质快速流动，管内存在大量气泡的破裂和液态工质的聚合，动力系统更加复杂。另外，以相变微胶囊为工质的脉动热管在所有功率下比水具有更高嵌入维数的特征，此时脉动热管系统具有更加复杂的动力学特征，可能是由于相变微胶囊颗粒的扰动作用所致。

8.4　脉动热管温度时间序列混沌特征参数分析 ▷▷▷▷

脉动热管在运行时会经历复杂的气液两相流动，这种不稳定性对其性能和传热效率产生影响。为了深入理解其运行机制，本研究利用混沌分析理论，对脉动热管的运行状态进行了混沌特征参数的分析。

▶▶ 8.4.1 功率谱

谱分析是基于傅立叶分析来识别混沌现象的一个关键技术。周期性运动由基频和其谐波叠加而成,这些谐波在频谱上显示为离散的谱线。非周期性运动则通过傅立叶积分来表达,其频谱是连续的。一个动力学系统如果展现出恒定、连续且可重现的频率谱,通常指示其处于混沌状态。除了谱分析,分维法和拓扑熵法也是鉴别混沌的方法,它们的核心是 Lyapunov 指数的计算。

功率谱密度(PSD)是表征信号或时间序列中功率随频率分布的一种度量。它反映了信号的频率成分以及每个频率成分所占的平均功率。PSD 能够揭示信号的频率响应特性,即不同频率上的功率分布情况。通过傅立叶变换,可以将时域信号转换到频域,并计算其幅度的平方,进而得到 PSD。PSD 的定义通常涉及对傅立叶变换结果的幅度进行平方,并在长时间尺度上取平均,以得到稳定的功率分布。

$$S_x(f) = \lim_{T \to \infty} E\left\{ \frac{1}{2T} \left| \int_{-T}^{T} x(t) e^{-j2\pi ft} dt \right|^2 \right\} \tag{8-15}$$

式中,$x(t)$ 是随机时间信号;t 是时间点;f 是频率;T 是信号的时间长度;j 是虚数单位;E 是期望。

PSD 为我们揭示了连续信号在频域中的功率分布,而功率谱则适用于离散信号,通过离散傅立叶变换(DFT)或快速傅立叶变换(FFT)计算得到。

▶▶ 8.4.2 Lyapunov 指数

奇异吸引子在非线性耗散系统中被广泛定义为具有混沌行为轨道的极限集合,它是研究非线性系统混沌特性的核心对象。奇异吸引子展现出无限嵌套的自相似几何特性和复杂的分形结构。尽管奇异吸引子与混沌吸引子在概念上有所区别,前者更侧重于描述吸引子的几何形态是否具有分形特征,而后者侧重于吸引子的动力学行为是否对初始条件敏感,但在数学处理上通常视它们为一致,因此不进行严格区分。奇异吸引子的运动表现为非周期性、无序性、随机性和对初值的高度敏感性,通常认为奇异吸引子不仅具有奇异的几何结构,也具有混沌的动力学特性。

研究系统的混沌特性,本质上是定性和定量地描述混沌吸引子的性质,这通常通过 Lyapunov 指数、Kolmogorov 熵和维数来实现。在本书中,主要采用 Lyapunov 指数来评估系统的混沌程度,该指数对初始条件极为敏感,能够定量描述从接近的初始点出发的轨道以指数速率分离的行为,从而判断系统的混沌性。一个正的 Lyapunov 指数是混沌存在的标志。

Lyapunov 指数用于定量描述混沌吸引子的特性,它反映了系统对初始条件的敏感依赖性。当一个系统的最大 Lyapunov 指数为正时,意味着即使是非常接近的两个初始状态也会随着时间的推移而迅速发散,导致长期行为的不可预测性,这是混沌现象的一个标志。因此,最大 Lyapunov 指数的正负是判断系统是否表现出动力学混沌的关键指标。

算法的基本思想，在重构的相空间吸引子上，检验轨道在尽可能小的长度（面积）尺度范围的发散程度。

给出一个时间序列，利用坐标延迟，可以重构一个 m 阶吸引子（m 一般取等于系统的阶数），即重构吸引子的点由 $\{x(t)，x(t+\tau)，x(t+2\tau)，\cdots，x[t+(m-1)\tau]\}$ 给出。

设初始点为 $X(t_0) = \{x(t)，x(t+\tau)，x(t+2\tau)，\cdots，x[t+(m-1)\tau]\}$，选择从 $X(t_0)$ 点出发的轨线为基准轨线，如图 8-13 所示。

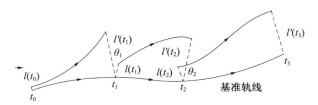

图 8-13 沃尔夫算法示意图

首先观察从离 t_0 点最近的 C 点出发的相邻轨线与基准轨线之间的离散程度。t_0 点与 C 点中间的距离长度为 $l(t_0)$，经过一个进化时间 Δt 后，基准轨线进化到 t_1 点，相邻轨线进化到 a 点。两轨线之间离散程度由 a 点到 t_1 点的距离长度 $l'(t_1)$（一般为）$L'(t_k)$ 与初始距离长度 $l(t_0)$（一般为 $l'(t_{k-1})$）之比来表征。在进入下一步进化之前，先进行归一化处理，即在与原先轨线相同的方向上，由紧靠基准点 $X(t_1)$ 的 b 点代替原来的 a 点，这就是所谓的替换过程。新替换点 b 应满足两个条件：（1）它离基准轨线上的 $X(t_1)$ 点之间的距离 $l(t_1)$（一般为 $l(t_k)$）应比 $l'(t_1)$ 小，且在所限定的范围内达到最小。（2）a 点到 $X(t_1)$ 点的方向与 b 点到 $X(t_1)$ 点的方向之间的夹角 θ_1 应小于所规定的范围。每进行一步进化和替换，利用下式计算 λ_1。

$$\lambda_1 = \frac{1}{t_M - t_0} \sum_{k=1}^{M} \ln \frac{l'(t_k)}{l(t_{k-1})} \tag{8-16}$$

此过程反复进行下去，直到基准轨线全部进化完或指数 λ_1 收敛。M 为进化总步数；t_0 表示初始时刻。进化时间 $\Delta t = t_k - t_{k-1}$ 保持定值。

对温度时间序列重构 m 维相空间，通过 Matlab 程序计算出最大 Lyapunov 指数 $\lambda_{\max}$，从而对脉动热管的混沌特性进行分析。

▶ 8.4.3 功率谱特性分析

数据分析表明，在相同工质的条件下，随着蒸发端加热功率的提升，温度波动更加剧烈。如图 8-14 和图 8-15 所示，图 8-14 所示工次为充液率 50%、倾角 90°、工质 HFE-7100，图 8-15 所示工况为充液率 50%、倾角 90°、工质蒸馏水。使用 HFE-7100 和蒸馏水作为工质时，低加热功率下温度波动显示出一定的随机性，没有明显的周期性。然而，随着加热功率的增加，壁面温度的时间序列开始表现出类似周期性的波动，这些波动并非严格的周期性波动，而是伴随着不规则的运动。这些波动与管内大气泡的生成和运动有关，大尺度波动之间还夹杂着与小气泡运动相关的高频小尺度波动。随着加热功率的进一步增加，温度时间序列的波动变得更加剧烈。

功率谱分析能够揭示信号的频率成分，尖峰通常指示着信号中存在的明确的分谱率。周期性或准周期性信号的功率谱主要由尖峰构成，而混沌状态的信号则表现为连续的功率谱。在图 8-14 和图 8-15 中，无论是使用 HFE-7100 还是蒸馏水作为工质，其功率谱都显示为连续谱，没有明显的周期性或倍周期性尖峰。特别是在低频段，功率谱密度以指数速率迅速下降，表明脉动热管在这些工况下表现出混沌的特征。

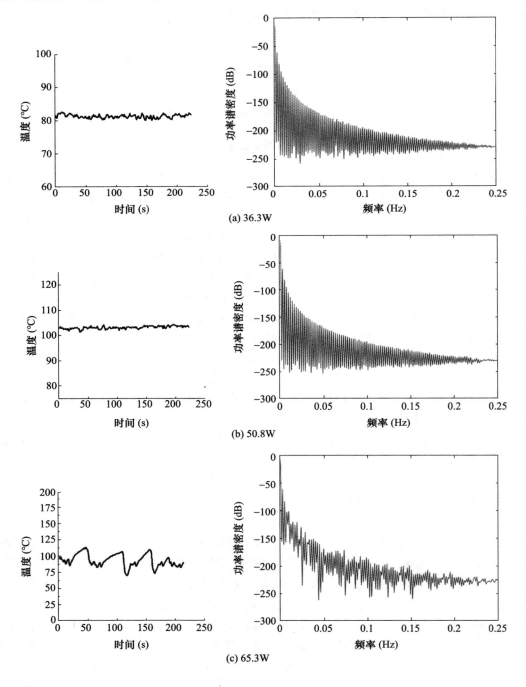

(a) 36.3W

(b) 50.8W

(c) 65.3W

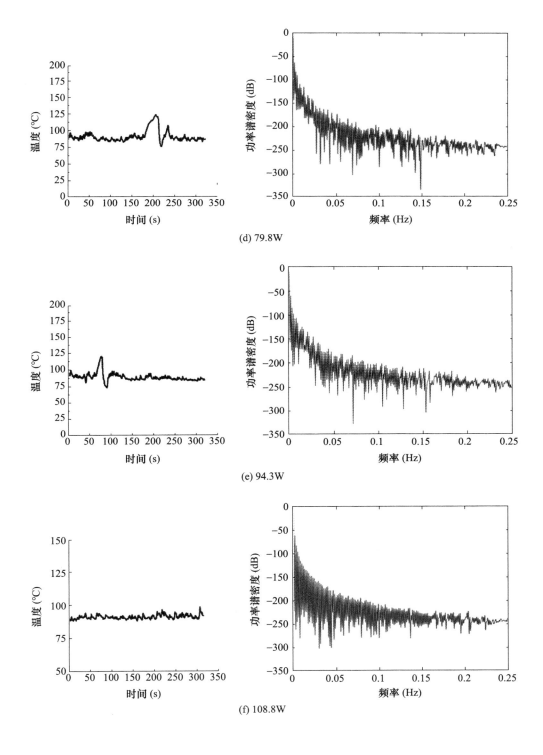

(d) 79.8W

(e) 94.3W

(f) 108.8W

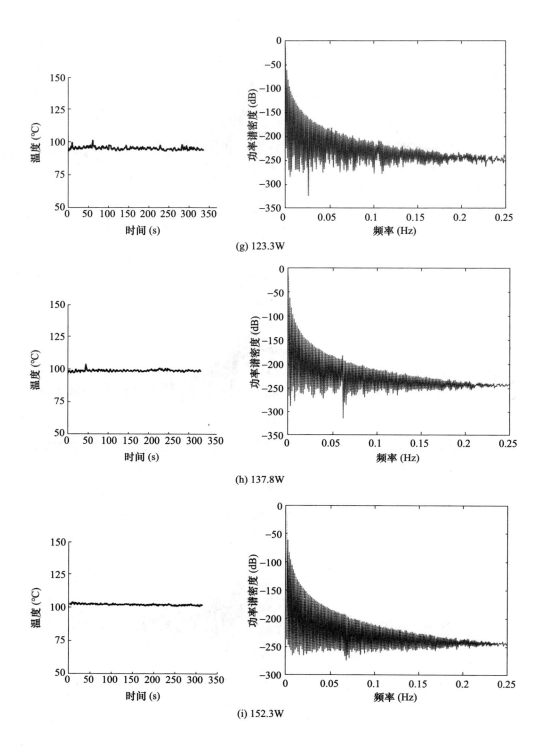

(g) 123.3W

(h) 137.8W

(i) 152.3W

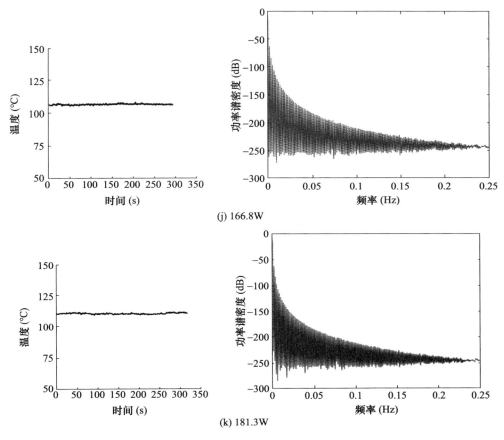

(j) 166.8W

(k) 181.3W

图 8-14 HFE-7100 的温度波动曲线以及对应的功率谱

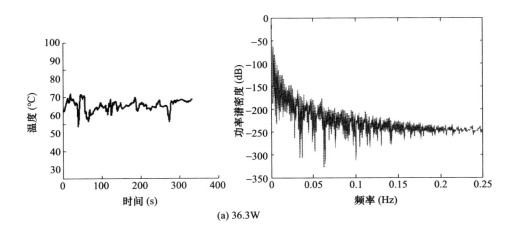

(a) 36.3W

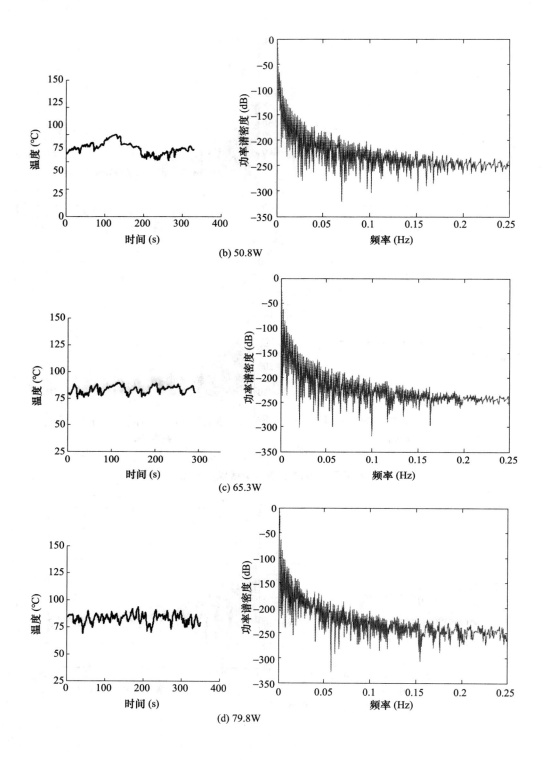

(b) 50.8W

(c) 65.3W

(d) 79.8W

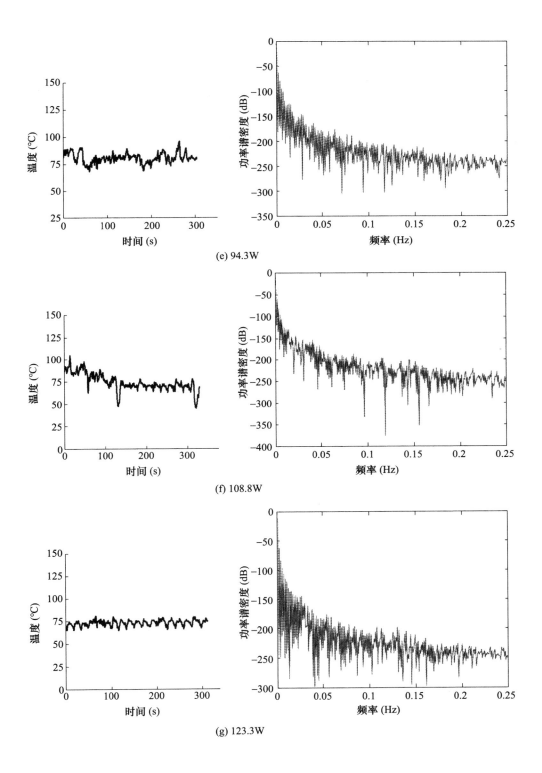

(e) 94.3W

(f) 108.8W

(g) 123.3W

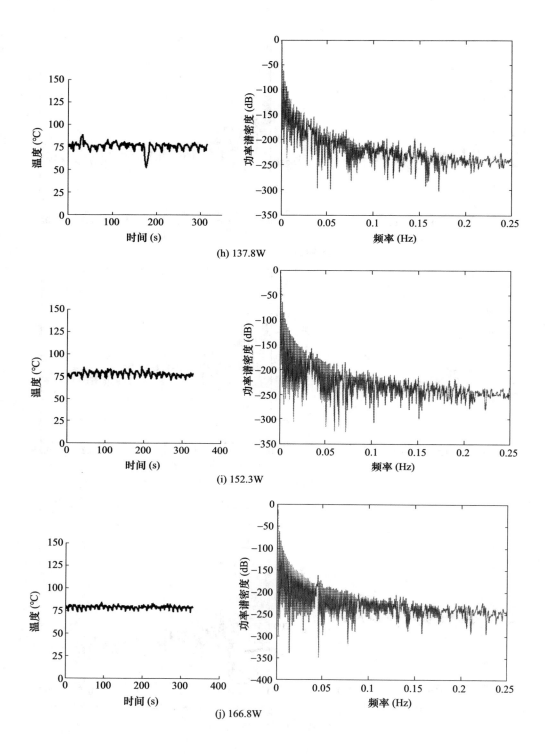

(h) 137.8W

(i) 152.3W

(j) 166.8W

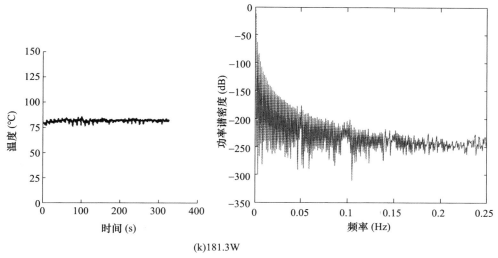

(k)181.3W

图 8-15　蒸馏水的温度波动曲线以及对应的功率谱

结合温度波动曲线和功率谱图可以发现，在稳定运行后，当温度波动曲线的波动范围较小且平缓时，其相对应的功率谱图展现出的混沌性较强，从而反映出脉动热管运行状态良好。

▶▶ 8.4.4　Lyapunov 指数分析

图 8-16 分别显示了在工质为 HFE-7100、倾角为 90°、充液率为 60％和 80％的工况下，Lyapunov 指数曲线与蒸发端加热功率的关系。可以看出，当充液率为 60％和 80％时，Lyapunov 指数曲线无明显波动规律，随加热功率变化的规律性不强，Lyapunov 指数均大于 0，说明在该运行工况下，脉动热管运行处于混沌状态。

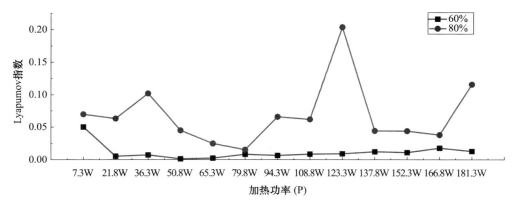

图 8-16　不同充液率下的 Lyapunov 指数曲线

图 8-17 显示了在工质为 HFE-7100、充液率为 80％的工况下、不同倾角不同加热功率下的 Lyapunov 指数曲线。由图 8-17 可知，各倾角、各加热功率下的 Lyapunov 指数均大于 0，脉动热管处在混沌状态。随着加热功率的增大，Lyapunov 指数的规律性不强，综合来看，随着倾角的减小，脉动热管的混沌特征变弱。

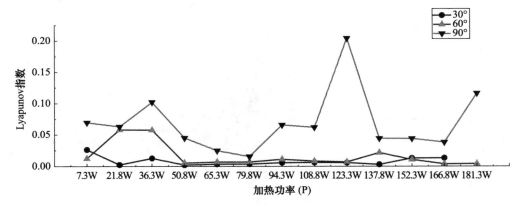

图 8-17　不同倾角下的 Lyapunov 指数曲线

8.5　不同加热长度比运行下的混沌特性分析 ▶▶▶▶

　　加热长度比是指脉动热管中加热端长度和冷凝端长度的比值。图 8-18 是加热功率为 30W、充液率为 60％、工质为蒸馏水时的不同加热长度比下的温度波动曲线，图 8-19 为图 8-18 工况下不同加热长度比下脉动热管温度时间序列吸引子的分布情况。由图 8-18 可知，当加热长度比为 0.3 和 0.5 时，在脉动热管启动运行后，管内工质出现单向循环运行同时伴随大幅往复振荡情况，这说明在此加热长度比下，蒸发端热量可以有效地传递至冷凝端。在该工况下，由于工质运行状态较好，可以有效地进行热量传递，且加热功率较低，从而使得当工质循环一段时间后蒸发端液柱增加管内压力差减小，无法使工质再循环，此时管内工质运行停止。从温度曲线上来看，当工质运行时温度降低，当工质运行停止时温度降到最低点，随着时间增加温度继续上升，当上升到一定程度后，工质继续运行，最终导致虽然管内工质可以运行，但存在每运行一段时间后，工质就处在停滞状态的现象发生。

　　当加热长度比为 0.7 和 0.9 时，在脉动热管启动运行后，管内工质只出现大幅往复振荡运行情况，无单向循环运行情况。在图 8-18 中，加热长度比为 0.7 时，发现在该工况下，管内工质呈现大幅往复振荡现象，且振荡频率较高，虽然未出现单向循环运行情况，但可以在一定范围内将蒸发端温度传递至冷凝端。蒸发端温度波动较为稳定，且在小范围内上下浮动，这是由于加热功率低，且热量可以通过振荡传递至冷凝端，最终使得蒸发端平均温度最高，但温度波动曲线较为稳定。加热长度比为 0.9 时，由于加热长度比高，加热功率低，蒸发端热量较为分散，使得工质达到运行条件较为缓慢且振荡频率降低，最终导致出现工质大幅往复振荡运行且伴随停滞现象。

　　从图 8-19 中可以看出，随着加热长度比增加，吸引子在三维空间中呈现出不同的分布状态，吸引子的分布状态与壁面温度波动曲线（图 8-18）所反映的脉动热管的运行状态是一致的。从图 8-19（a）至图 8-19（d）可以看出，吸引子经历了从分散到聚集再到分散的过程，该过程说明，当加热长度比为 0.7 时脉动热管的运行状态是最稳定的。当加热长度比小于和大于 0.7 时，由于加热功率较低，使得工质运行总是出现停滞现象。

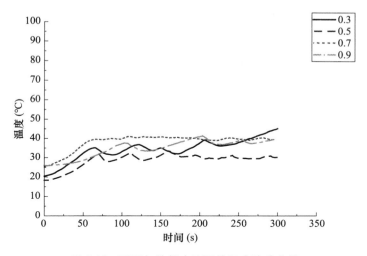

图 8-18　不同加热长度比下的温度波动曲线

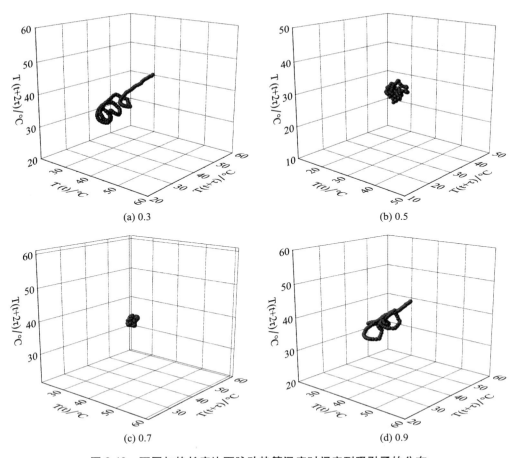

(a) 0.3

(b) 0.5

(c) 0.7

(d) 0.9

图 8-19　不同加热长度比下脉动热管温度时间序列吸引子的分布

　　图 8-20 是加热功率为 110W、充液率为 60％、工质为蒸馏水时的不同加热长度比下的温度波动曲线，图 8-21 为图 8-20 工况下不同加热长度比下的工质运行速度，图 8-22 为该工况下不同加热长度比下脉动热管温度时间序列吸引子的分布情况，图 8-21 中工质运行速度测量方法和 8.4 节中所述方法相同。结合图 8-21 和图 8-22 可知，当加热长度比为 0.3 和 0.5 时，在脉动热管启动运行后，管内工质运行情况与加热功率为 30W 时相似，但由于加热功率增加，工质在运行时停滞现象消失，从启动运行到结束运行，工质基本处在运行过程中。

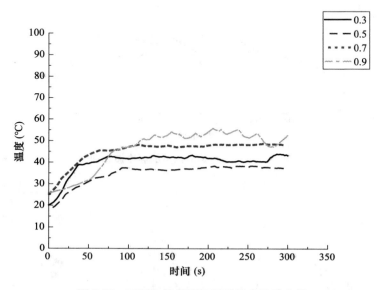

图 8-20　不同加热长度比下的温度波动曲线

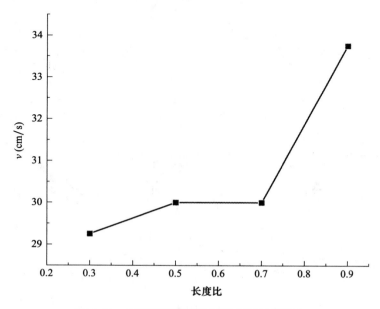

图 8-21　不同加热长度比下的工质运行速度

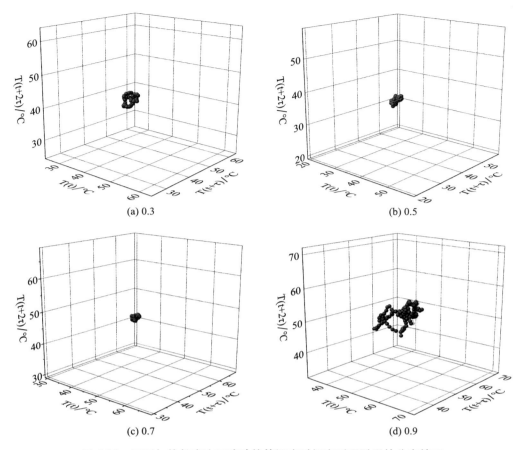

图 8-22　不同加热长度比下脉动热管温度时间序列吸引子的分布情况

当加热长度比为 0.7 时，虽然工质运行速度与加热长度比为 0.5 时几乎相同，但由于加热长度比为 0.7 时工质是大幅往复振荡运行，而加热长度比为 0.5 时工质是单向循环运行，传递热量效果较差，从而使得加热长度比为 0.7 时的蒸发端平均温度比加热长度比为 0.5 时的蒸发端平均温度高。

当加热长度比为 0.9 时，虽然工质运行速度增加，但由于其加热长度比高，蒸发端热量较为分散，无法很好地使工质循环运行，工质运行一段时间后便出现运行停滞现象，从而使得蒸发端热量无法有效传递至冷凝端，热量持续蓄积在蒸发端，最终导致蒸发端平均温度最高，温度波动曲线较为混乱，且波动范围较大。

该工况吸引子分布情况和规律与加热功率为 30W 时相同。

8.6　不同充液率运行下的混沌特性分析 ▶▶▶▶

图 8-23 是加热功率为 50W、加热长度比为 0.7、工质为蒸馏水时的不同充液率下的温度波动曲线，图 8-24 为图 8-23 工况下不同充液率下脉动热管温度时间序列吸引子的

分布情况。图 8-23 表明，当充液率为 10％至 30％时，脉动热管并未稳定运行，在该范围充液率下，脉动热管内气体体积较多，占据管内绝大部分空间，管内无法产生压力差使其运行，无法将蒸发端热量传递至冷凝端，最终导致蒸发端温度持续上升。在图 8-24 中，从图 8-24（a）至图 8-24（c）发现，吸引子轨迹线呈持续上升的状态，无密集情况出现，与温度波动曲线表征一致。

当充液率为 40％时，在加热一段时间后，由于蒸发端热量有一定的积累，且管内工质相变产生足够压力差，此时工质出现小幅振荡现象，持续时间较短，将蒸发端一部分热量传递至冷凝端，最终使得蒸发端温度出现到达最高点后先下降后上升的情况。在图 8-24（d）中，吸引子轨迹线在右侧出现小范围密集情况，与温度波动一致。

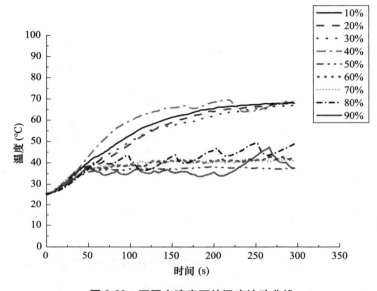

图 8-23　不同充液率下的温度波动曲线

当充液率为 50％至 70％时，由于充液率上升，使得在加热一段时间后，管内产生足够的压力差，工质在管内大幅往复振荡运行，可以将蒸发端热量传输至冷凝端，使得温度波动曲线较为平缓且温度浮动较小。当充液率为 50％时，吸引子运行轨迹在启动运行后相对密集。当充液率为 60％时，当充液率较高后，工质运行一段时间，蒸发端蓄积热量减少，液柱较多，无法产生足够压力差使工质运行，从而出现停滞现象。当再加热一段时间后，工质继续运行，此时蒸发端温度有所上升，在新的温度范围内继续小幅波动，最终使吸引子运行轨迹在启动运行后呈现出多处分散密集情况。

当充液率为 80％和 90％时，由于充液率高，使得管内并未出现大量气柱，基本以气泡形式分散在管内。在该工况下，管内工质前期处于小幅往复振荡运行状态，在运行后期，出现单向循环运行情况，但在运行一段时间后，由于液体较多产生足够压力差，工质便出现停滞现象，最终导致温度曲线波动范围较大，且波动频率低，传热效果差。当充液率为 80％时，吸引子运行轨迹呈螺旋上升状态，该情况是由于温度波动幅度较大且波动频率低所导致。当充液率为 90％时，在脉动热管振荡运行时温度波动幅度较稳定且波动频率适中，在脉动热管振荡运行一段时间后，压力差不足，工质出现停滞现象，蒸发端温度上升，当温度蓄积一段时间后，工质继续运行，蒸发端温度下降，最终使吸引子运行轨迹线先出现密集运行、后继续上升、最后螺旋下降状态。

在图 8-24 中，从图 8-24（d）至图 8-24（f）发现，吸引子运行轨迹线从疏松到密集再到疏松的过程，该结果表明，在此工况下，最佳充液率为 50%。

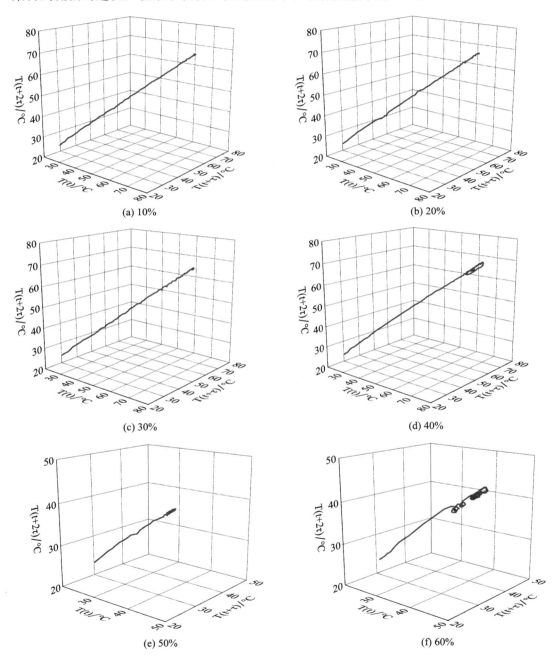

(a) 10%   (b) 20%

(c) 30%   (d) 40%

(e) 50%   (f) 60%

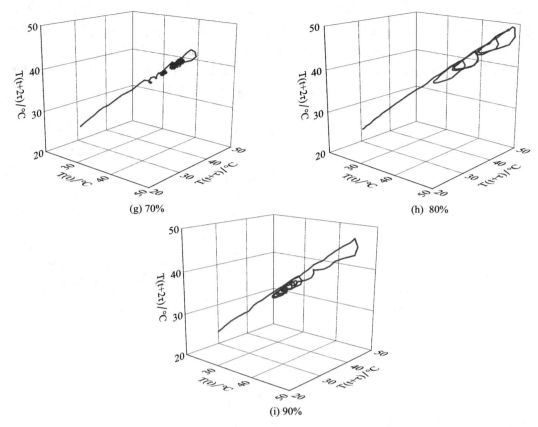

(g) 70%　　　　(h) 80%

(i) 90%

图 8-24　不同充液率下脉动热管温度时间序列吸引子的轨迹线

图 8-25 是加热功率为 130W、加热长度比为 0.5、工质为蒸馏水时的不同充液率下的温度波动曲线，图 8-26 为图 8-25 工况下不同充液率下脉动热管温度时间序列吸引子的分布情况。图 8-25 表明，当充液率为 40％时，随着加热时间增加，脉动热管内气体体积增加，存在较长气柱，占据管内绝大部分空间，从而使管内工质以大幅往复振荡方式运行。当加热一段时间后，因气柱过长，使得工质无论如何振荡都无法将蒸发端热量传递至冷凝端，最终导致传热恶化、蒸发端温度急剧上升。在图 8-26（a）中发现，吸引子轨迹线呈持续上升的状态，有分散且较小的密集情况出现，与温度波动曲线表征一致。

当充液率为 50％至 70％时，情况与上组结果一致。

当充液率为 80％时，由于充液率较高，工质大幅往复振荡运行，无单向循环运行情况出现，从而使稳定运行后温度波动范围较小，平均温度比充液率为 50％至 70％时较高。

当充液率为 90％时，由于充液率过高，使得工质运行所需的压力差较大，最终导致工质启动运行时的温度较高，且在启动后，工质以大幅往复振荡方式运行。在运行一段时间后，工质出现单向循环运行情况，此时可以看到，在单向循环运行时，充液率为 90％的运行平均温度比充液率为 80％时低。

在图 8-26 中，图 8-26（a）至图 8-26（c）和图 8-26（d）至图 8-26（f）显示了吸引子运行轨迹线从疏松到密集再到疏松的过程，该结果表明，在此工况下，最佳充液率为 50％和 80％，但由于当充液率为 50％时工质呈单行循环运行，充液率为 80％时工质呈大幅往复振荡运行，且充液率为 50％时的稳定运行平均温度比充液率为 80％时低，最终在该工况下，最佳充液率为 50％。

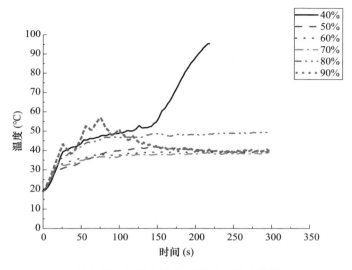

图 8-25 不同充液率下的温度波动曲线

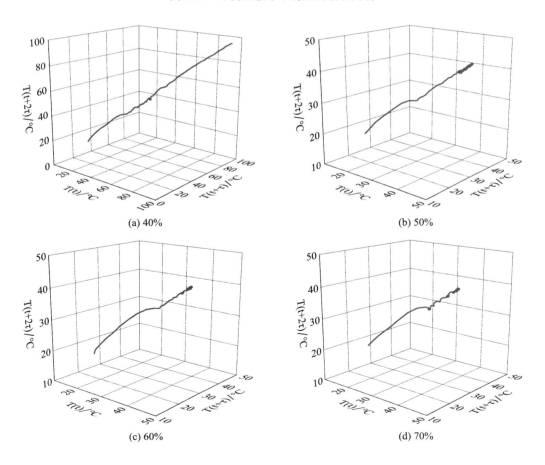

(a) 40%   (b) 50%

(c) 60%   (d) 70%

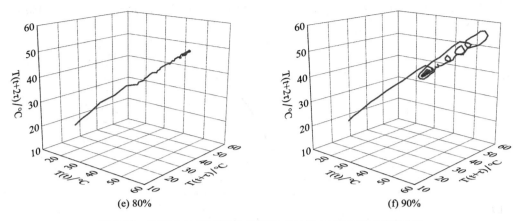

图 8-26　不同充液率下脉动热管温度时间序列吸引子的轨迹线

8.7　本章小结 》》》》

　　本章针对脉动热管内部工质流动的混沌动力学特性，利用相空间重构技术进行研究。首先介绍了混沌时间序列的基础概念，详细阐述了相空间重构方法，通过选择合适的嵌入维度和时间延迟，从单一变量温度时间序列中对系统的混沌动力学进行分析。运用相空间重构技术分析加热功率、加热长度比和充液率对脉动热管运行的影响。在对温度时间序列进行相空间重构过程中，选择合适的延迟时间非常必要，若延迟时间较短，则会导致元素之间关联性较大，从而影响分析效果，若延迟时间较长，改变延迟时间则对吸引子分布影响较小，所以选择一个合适的延迟时间对吸引子分布情况的分析判断有着至关重要的作用。当加热功率较低时，系统的混沌性不强，脉动热管运行较差，加热功率较高时，系统的混沌性会出现由强到弱的转变，脉动热管虽然会运行，但容易造成干烧，从而导致传热恶化。加热长度比对脉动热管运行影响相对较小，当加热长度比过高或过低时，都会使脉动热管运行出现停滞状态，使脉动热管运行不稳定，混沌性弱。当充液率过低时，管内气柱较多，无法产生足够的压力差使脉动热管运行。当充液率较高时，脉动热管启动条件较高，且运行不稳定，只有在合适的充液率范围内，系统的混沌性才较强。

参考文献

[1] GIRO-PALOMA J，MARTINEZ M，CABEZAF L. Types，methods，techniques，and applications for microencapsulated phase change materials （MPCM）：A review [J]. Renewable and Sustainable Energy Reviews. 2016，53：1059-1079.

[2] JIAN Q，QIAN W. Experimental study on the thermal performance of vertical closed-loop oscillating heat pipes and correlation modeling [J]. Applied Energy，2013，112：1154-1160.

[3] XIE F B，LI X L，QIAN P，et al. Effects of geometry and multisource heat input on flow and heat transfer in single closed-loop pulsating heat pipe [J]. Applied Thermal Engineering，2020，168：114856.

[4] 商福民，刘登瀛，冼海珍，等．采用不等径结构自激振荡流热管实现强化传热 [J]. 动力工程．2008（01）：100-103，146.

[5] MUCCI A，KHOLI F K，CHETWYND-CHATWIN J，et al. Numerical investigation of flow instability and heat transfer characteristics inside pulsating heat pipes with different numbers of turns [J]. International Journal of Heat and Mass Transfer，2021，169：120934.

[6] MANGINI D，MAMELI M，FIORITI D，et al. Hybrid pulsating heat pipe for space applications with non-uniform heating patterns：ground and microgravity experiments [J]. Applied Thermal Engineering，2017，126：1029-1043.

[7] HALIMI M，NEJAD A，NOROUZI M. A comprehensive experimental investigation of the performance of closed-loop pulsating heat pipes （CLPHPs） [J]. Journal of Heat Transfer. 2017，139（9）：0922003.

[8] AKACHI H，POLASEK F，STULC P. Pulsating heat pipe. Andrews J [C]. Proceeding of 5th international heat pipe symposium，1996：208-217.

[9] CHAROENSAWAN P，KHANDEKAR S，GROLL M，et al. Closed loop pulsatingheat pipes：Part A. Parametric experimental investigation [J]. Applied Thermal Engineering，2003，23（16）：2009-2020.

[10] NOH H Y，KIM S J. Numerical simulation of pulsating heat pipes：Parametric investigation and thermal optimization [J]. Energy Conversion and Management，2020，203：112237.

[11] LI Q F，WANG C H，WANG Y N，et al. Study on the effect of the adiabatic section parameters on the performance of pulsating heat pipes [J]. Applied Thermal

Engineering. 2020，180：115813.

[12] CHAROENSAWAN P，TERDTOON P. Thermal performance of horizontal closed-loop oscillating heat pipes [J]. Applied Thermal Engineering，2008，28：460-466.

[13] 汪健生，马赫. 蒸发/冷凝段长度比对脉动热管性能的影响 [J]. 化工进展，2015，34（11）：3846-3851.

[14] 汪双凤，西尾茂文. 加热段冷却段长度分配对脉动热管性能的影响 [J]. 华南理工大学学报（自然科学版），2007（11）：59-62.

[15] RITTIDECH S，TERDTOON P，MURAKAMI M，et al. Correlation to predict heat transfer characteristics of a closed-end oscillating heat pipe at normal operating condition [J]. Applied Thermal Engineering. 2003，23（4）：497-510.

[16] XU D，LI L，LIU H. Experimental investigation on the thermal performance of helium based cryogenic pulsating heat pipe [J]. Experimental Thermal and Fluid Science，2016，70（1）：61-68.

[17] XUE Z H，QU W. Experimental study on effect of inclination angles to ammonia pulsating heat pipe [J]. Chinese Journal of Aeronautics，2014，27（5）：1122-1127.

[18] 汪健生，白雪玉. 水平蒸发与冷凝结构脉动热管的热力性能 [J]. 化学工程，2018，46（6）：31-36.

[19] ZHANG D，JIANG E，SHEN C，et al. Numerical simulation on pulsating heat pipe with connected-path structure [J]. Journal of Enhanced Heat Transfer，2021，28（2）：1-17.

[20] TORRESIN D，AGOSTINI F，MULARCZYK A，et al. Double condenser pulsating heat pipe cooler [J]. Applied Thermal Engineering，2017，126（5）：1051-1057.

[21] SARANGI R K，RANE M V. Experimental Investigations for Start up and Maximum Heat Load of Closed Loop Pulsating Heat Pipe [J]. Procedia Engineering，2013，51：683-687.

[22] ZHI Z，LEI S，ZHENG D. Study on oscillatory heat transfer performance of single loop pulsating heat pipe [J]. IOP Conference Series：Earth and Environmental Science，2021，680（1）：012049.

[23] SHAFIFII M B，ARABNEJAD S，SABOOHI Y，Experimental investigation of pulsating heat pipes and a proposed correlation [J]. Heat Transfer Engineering，2010，31（10）：854-861.

[24] 王迅，李月月. 甲醇水溶液脉动热管启动特性研究 [J]. 化学工程，2017，45（6）：17-21.

[25] JANG D S，CHUNG H J，JEON Y，et al. Thermal performance characteristics of a pulsating heat pipe at various nonuniform heating conditions [J]. Heat Mass Transfer，2018，126（12）：855-863.

[26] HU C F，JIA L. Experimental study on the start up performance of flat plate pulsating heat pipe [J]. International journal of thermal sciences，2011，20（2）：150-154.

[27] 陈曦, 林毅, 邵帅. 倾角及加热功率对乙烷脉动热管传热性能的影响 [J]. 化工学报, 2019, 70 (4): 1383-1389.

[28] WANG X Y, JIA L. Experimental Study on Heat Transfer Performance of Pulsating Heat Pipe with Refrigerants [J]. Journal of Thermal Science, 2016, 25 (5): 449-453.

[29] HAN H, CUI X Y, ZHU Y, et al. A comparative study of the behavior of working fluids and their properties on the performance of pulsating heat pipes (PHP) [J]. International Journal of Thermal Sciences. 2014, 82: 138-147.

[30] ABRAHAM S, TAKAWALE A, STEPHAN P, et al. Thermal Characteristics of a Three-Dimensional Coil Type Pulsating Heat Pipe at Different Heating Modes [J]. Journal of Thermal Science and Engineering Applications, 2021, 13 (4): 1-34.

[31] XU R J, ZHANG C, CHEN H, et al. Heat transfer performance of pulsating heat pipe with zeotropic immiscible binary mixtures [J]. International Journal of Heat and Mass Transfer, 2019, 137: 31-41.

[32] GANDOMKAR A, KALAN K, VANDADI M, et al. Investigation and visualization of surfactant effect on flow pattern and performance of pulsating heat pipe [J]. Journal of Thermal Analysis and Calorimetry, 2020, 139 (3): 2099-2107.

[33] GOSHAYESHI H R, SAFAEI M R, GOODARZI M, et al. Particle size and type effects on heat transfer enhancement of ferro-nanofluids in a pulsating heat pipe [J]. Powder Technology, 2016, 301: 1218-1226.

[34] CHOI S U S, ZHANG Z G, YU W. Anomalous thermal conductivity enhancement in nanotube suspensions [J]. Applied Physics Letters, 2001, 79 (14): 2252-2254.

[35] NAZARI M A, GHASEMPOUR R, AHMADI M H, et al. Experimental investigation of graphene oxide nanofluid on heat transfer enhancement of pulsating heat pipe [J]. International Communications in Heat and Mass Transfer, 2018, (91): 90-94.

[36] ZHOU Y, YANG H H, LIU L W, et al. Enhancement of start-up and thermal performance in pulsating heat pipe with GO/water nanofluid [J]. Powder Technology, 2021, 384: 414-422.

[37] XU Y Y, XUE Y Q, QI H, et al. Experimental study on heat transfer performance of pulsating heat pipes with hybrid working fluids [J]. International Journal of Heat and Mass Transfer, 2020, 157: 119727.

[38] 林梓荣, 汪双凤, 张伟保, 等. 功能热流体强化脉动热管的热输送特性 [J]. 化工学报, 2009, 60 (6): 1373-1379.

[39] 汪双凤, 林梓荣, 张伟保. 微胶囊流体脉动热管的热输送性能 [J]. 华南理工大学学报 (自然科学版), 2009, 37 (3): 58-61, 66.

[40] LI Q F, WANG Y N, LIAN C, et al. Effect of micro encapsulated phase change material on the anti-dry-out ability of pulsating heat pipes [J]. Applied Thermal Engineering, 2019, 159: 113854.

[41] DOBSON R T, HARMS T M. Lumped parameter analysis of closed and open os-

cillatory heat pipes [J]. Proceedings of the 11th International Heat Pipe Conference, 1999: 137-42.

[42] YANG H, KHANDEKAR S, GROLL M. Operational characteristics of flat plate closed loop pulsating heat pipes [J]. 13th International Heat Pipe Conference, 2004: 283-289.

[43] SHI S Y, CUI X Y, HAN H, et al. A study of the heat transfer performance of a pulsating heat pipe with ethanol-based mixtures [J]. Applied Thermal Engineering, 2016, 102: 1219-1227.

[44] XU J L, ZHANG X M. Start-up and steady thermal oscillation of a pulsating heat pipe [J]. Heat Mass Transfer, 2005, 4: 685-694.

[45] LI T Y, YORKE J A. Period Three Implies Chaos [J]. The American Mathematical Monthly, 1975, 82 (10): 985-992.

[46] 曹滨斌. 纳米流体扩容型脉动热管的传热研究 [J]. 天津：天津大学，2010.

[47] TAKENS F. Determing strange attractors in turbulence [J]. Lecture notesinMath, 1981, 898: 366-381.

[48] 金宁德，高忠科. 非线性信息处理技术 [M]. 天津：天津大学出版社，2017.

[49] 秦奕青，蔡卫东，杨炳儒. 非线性时间序列的相空间重构技术研究 [J]. 系统仿真学报，2008 (11): 2969-2973.

[50] 陆振波，蔡志明，姜可宇. 基于改进的 C-C 方法的相空间重构参数选择 [J]. 系统仿真学报，2007，11: 2527-2529, 2538.

[51] 金宁德，郑桂波，胡凌云. 垂直上升管中气液两相流电导波动信号的混沌特性分析 [J]. 地球物理学报. 2006 (5): 1552-1560.